라스 아르볼레다스의 물 마시는 정원

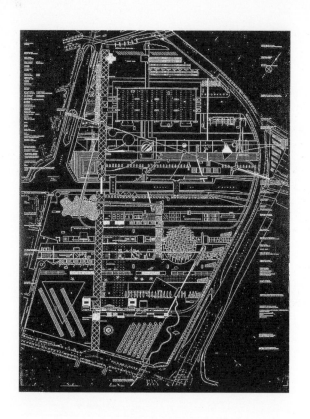

렘 콜하스의 라 빌레트 공원 계획

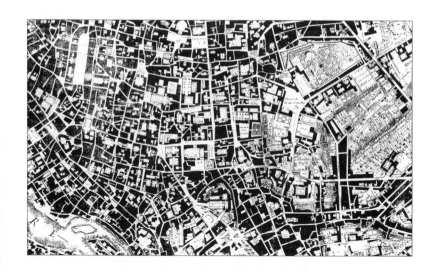

지암바티스타 놀리의 로마 지도

The Street is a Room by agreement A community
Room the walls of which belong to the donors
Its ceiling is the Sky

루이스 칸의 "가로는 합의에 의한 방이다."

안드레아 팔라디오가 설계한 테아트로 올림피코

루이스 바라간의 하르디네스 델 페드레갈 주택

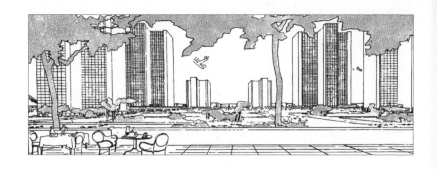

르 코르뷔지에의 '300만 명을 위한 현대도시'를 위한 투시도

도미니크 페로의 프랑스 국립도서관

렌초 피아노의 장마리 치바우 문화센터

파키스탄 하이데라바드 신드

미스 반 데어 로에의 투겐트하트 주택의 거실

알바 알토의 마이레아 주택

프랭크 로이드 라이트의 낙수장

이탈리아 로마에 있는 스페인 광장

바르셀로나 대성당

시귀르드 레버런츠의 숲의 묘지

크리스토 자바체프와 잔 클로드의 '달리는 울타리'

카를로 스카르파의 퀘리니 스탐팔리아 재단 정원의 수반

요코하마 국제여객선 터미널

세비야에 있는 메트로폴 파라솔

도시와 풍경

건축강의 10: 도시와 풍경

2018년 3월 5일 초판 발행 ❍ 2019년 3월 4일 2쇄 발행 ❍ **지은이** 김광현 ❍ **펴낸이** 김옥철 ❍ **주간** 문지숙
책임편집 최은영 ❍ **편집** 우하경 오혜진 이영주 ❍ **디자인** 박하얀 ❍ **디자인 도움** 남수빈 박민수 심현정
진행 도움 건축의장연구실 김진원 성나연 장혜림 ❍ **커뮤니케이션** 이지은 박지선 ❍ **영업관리** 강소현
인쇄·제책 한영문화사 ❍ **펴낸곳** (주)안그라픽스 우10881 경기도 파주시 회동길 125 - 15
전화 031.955.7766(편집) 031.955.7755(고객서비스) ❍ **팩스** 031.955.7744 ❍ **이메일** agdesign@ag.co.kr
웹사이트 www.agbook.co.kr ❍ **등록번호** 제2 - 236(1975.7.7)

© 2018 김광현
이 책의 저작권은 지은이에게 있으며 무단 전재와 복제는 법으로 금지되어 있습니다.
정가는 뒤표지에 있습니다. 잘못된 책은 구입하신 곳에서 교환해 드립니다.

이 책의 국립중앙도서관 출판예정도서목록(CIP)은 서지정보유통지원시스템 홈페이지(seoji.nl.go.kr)와
국가자료공동목록시스템(nl.go.kr/kolisnet)에서 이용하실 수 있습니다.
CIP제어번호: CIP2018004240

ISBN 978.89.7059.947.2 (94540)
ISBN 978.89.7059.937.3 (세트) (94540)

도시와 풍경

김광현

건축강의

10

안그라픽스

일러두기

1 단행본은 『 』, 논문이나 논설·기고문·기사문·단편은 「 」, 잡지와 신문은 《 》,
   예술 작품이나 강연·노래·공연·전시회명은 〈 〉로 엮었다.

2 인명과 지명을 비롯한 고유명사와 건축 전문 용어 등의 외국어 표기는
   국립국어원 외래어표기법에 따라 표기했으며, 관례로 굳어진 것은 예외로 두었다.

3 원어는 처음 나올 때만 병기하되, 필요에 따라 예외를 두었다.

4 본문에 나오는 인용문은 최대한 원문을 살려 게재하되,
   출판사 편집 규정에 따라 일부 수정했다.

5 책 앞부분에 모아 수록한 이미지는 해당하는 본문에 •으로 표시했다.

건축강의를 시작하며

이 열 권의 '건축강의'는 건축을 전공으로 공부하는 학생, 건축을 일생의 작업으로 여기고 일하는 건축가 그리고 건축이론과 건축의장을 학생에게 가르치는 이들이 좋은 건축에 대해 폭넓고 깊게 생각할 수 있게 되기를 바라며 썼습니다.

좋은 건축이란 누구나 다가갈 수 있고 그 안에서 생활의 진정성을 찾을 수 있습니다. 좋은 건축은 언제나 인간의 근본에서 출발하며 인간의 지속하는 가치를 알고 이 땅에 지어집니다. 명작이 아닌 평범한 건물도 얼마든지 좋은 건축이 될 수 있습니다. 그렇지 않다면 우리 곁에 그렇게 많은 건축물이 있을 필요가 없을 테니까요. 건축설계는 수많은 질문을 하는 창조적 작업입니다. 그럴 뿐만 아니라 말하고, 쓰고, 설득하고, 기술을 도입하며, 법을 따르고, 사람의 신체에 정감을 주도록 예측하는 작업입니다. 설계에 사용하는 트레이싱 페이퍼는 절반이 불투명하고 절반이 투명합니다. 반쯤은 이전 것을 받아들이고 다른 반은 새것으로 고치라는 뜻입니다. '건축의장'은 건축설계의 이러한 과정을 이끌고 사고하며 탐구하는 중심 분야입니다. 건축이 성립하는 조건, 건축을 만드는 사람과 건축 안에 사는 사람의 생각, 인간에 근거를 둔 다양한 설계의 조건을 탐구합니다.

건축학과에서는 많은 과목을 가르치지만 교과서 없이 가르치고 배우는 과목이 하나 있습니다. 바로 '건축의장'이라는 과목입니다. 건축을 공부하기 시작하여 대학에서 가르치는 40년 동안 신기하게도 건축의장이라는 과목에는 사고의 전반을 체계화한 교과서가 없었습니다. 왜 그럴까요?

건축에는 구조나 공간 또는 기능을 따지는 합리적인 측면도 있지만, 정서적이며 비합리적인 측면도 함께 있습니다. 집은 사람이 그 안에서 살아가는 곳이기 때문입니다. 게다가 집은 혼자 사는 곳이 아닙니다. 다른 사람들과 함께 말하고 배우고 일하며 모여 사는 곳입니다. 건축을 잘 파악했다고 생각했지만 사실은 아주 복잡한 이유가 이 때문입니다. 집을 짓는 데에는 건물을 짓고자 하는 사람, 건물을 구상하는 사람, 실제로 짓는 사람, 그 안에 사는 사람 등이 있습니다. 같은 집인데도 이들의 생각과 입장은 제 각기 다릅니다.

건축은 시간이 지남에 따라 점점 관심을 두어야 지식이 쌓이고, 갈수록 공부할 것이 늘어납니다. 오늘의 건축과 고대 이집트 건축 그리고 우리의 옛집과 마을이 주는 가치가 지층처럼 함께 쌓여 있습니다. 이렇게 건축은 방대한 지식과 견해와 판단으로 둘러싸여 있어 제한된 강의 시간에 체계적으로 다루기 어렵습니다.

그런데 건축이론 또는 건축의장 교육이 체계적이지 못한 이유는 따로 있습니다. 독창성이라는 이름으로 건축을 자유로이 가르치고 가볍게 배우려는 태도 때문입니다. 이것은 건축을 단편적인 지식, 개인적인 견해, 공허한 논의, 주관적인 판단, 단순한 예측 그리고 종종 현실과는 무관한 사변으로 바라보는 잘못된 풍토를 만듭니다. 이런 이유 때문에 우리는 건축을 깊이 가르치고 배우지 못하고 있습니다.

'건축강의'의 바탕이 된 자료는 1998년부터 2000년까지 3년 동안 15회에 걸쳐 《이상건축》에 연재한 「건축의 기초개념」입니다. 건축을 둘러싼 조건이 아무리 변해도 건축에는 변하지 않는 본질이 있다고 여기고, 이를 건축가 루이스 칸의 사고를 따라 확인하고자 했습니다. 이 책에서 칸을 많이 언급하는 것은 이 때문입니다. 이 자료로 오랫동안 건축의장을 강의했으나 해를 거듭할수록 내용과 분량에서 부족함을 느끼며 완성을 미루어왔습니다. 그러다가 이제야 비로소 이 책들로 정리하게 되었습니다.

'건축강의'는 서른여섯 개의 장으로 건축의장, 건축이론, 건축설계의 주제를 망라하고자 했습니다. 그리고 건축을 설계할 때의 순서를 고려하여 열 권으로 나누었습니다. 대학 강의 내용에 따라 교과서로 선택하여 사용하거나, 대학원 수업이나 세미나 주제에 맞게 골라 읽기를 기대하기 때문입니다. 본의 아니게 또 다른 『건축십서』가 되었습니다.

1권 『건축이라는 가능성』은 건축설계를 할 때 사전에 갖추고 있어야 할 근본적인 입장과 함께 공동성과 시설을 다룹니다.

건축은 공동체의 희망과 기억에서 성립하는 존재이며, 물적인 존재인 동시에 시설의 의미를 되묻는 일에서 시작하기 때문입니다.

2권 『세우는 자, 생각하는 자』는 건축가에 관한 것입니다. 건축가 스스로 갖추어야 할 이론이란 무엇이며 왜 필요한지, 건축가라는 직능이 과연 무엇인지를 묻고 건축가의 가장 큰 과제인 빌딩 타입을 어떻게 숙고해야 하는지를 밝히고자 했습니다.

3권 『거주하는 장소』에서는 건축은 땅에 의지하여 장소를 만들고 장소의 특성을 시각화하므로, 건축물이 서는 땅인 장소와 그곳에서 거주하는 의미를 살펴봅니다. 그리고 장소와 거주를 공동체가 요구하는 공간으로 바라보고, 이를 사람들의 행위와 프로그램으로 해석하였습니다.

4권 『에워싸는 공간』은 건축 공간의 세계 속에서 인간이 정주하는 방식을 고민합니다. 내부와 외부, 인간을 둘러싸는 공간 등과 함께 근대와 현대의 건축 공간, 정보와 건축 공간 등 점차 다양하게 확대되는 건축 공간을 기술하고 있습니다.

5권 『말하는 형태와 빛』에서는 물적 결합 형식인 형태와 함께 형식, 양식, 유형, 의미, 재현, 은유, 상징, 장식 등과 같은 논쟁적인 주제를 공부합니다. 이는 방의 집합과 구성의 문제로 확장됩니다. 또한 건축에 생명을 주는 빛의 존재 형식을 탐구합니다.

6권 『지각하는 신체』는 건축이론의 출발점인 신체에 관해 살펴봅니다. 또 현상으로 지각되는 건축물의 물질과 표면은 어떤 것이며, 시선이 공간과 어떤 관계를 맺는지 공간 속의 신체 운동과 경험을 설명합니다.

7권 『질서의 가능성』은 질서의 산물인 건축물을 이루는 요소의 의미를 생각하고, 물질이 이어지고 쌓이는 구축 방식과 과정을 살펴봅니다. 그리고 건축의 기본 언어인 다양한 기하학의 역할을 분석합니다.

8권 『부분과 전체』는 건축이 수많은 재료, 요소, 부재, 단위 등으로 지어질 수밖에 없는 점에 주목해 부분과 전체의 관계로 논의합니다. 그리고 고전, 근대, 현대건축에 이르는 설계 방식을 부분에서 전체로, 전체에서 부분으로 상세하게 해석합니다.

9권『시간의 기술』은 건축을 시간의 지속, 재생, 기억으로 해석합니다. 그리고 속도로 좌우되는 현대도시에 대응하는 지속 가능한 사회의 건축을 살펴봅니다. 이와 함께 건축을 진보시키면서 건축의 표현을 바꾼 기술의 다양한 측면을 정리합니다.

10권『도시와 풍경』은 건축이 도시를 적극적으로 만든다는 관점에서 건축과 도시의 관계를 해석합니다. 그리고 건축에 대하여 이율배반적이면서 상보적인 배경인 자연을 통해 새로운 건축의 가능성을 찾고, 건축과 자연 사이에서 성립하는 풍경의 건축을 다룹니다.

이 열 권의 책은 오랫동안 나의 건축의장 강의를 들어준 서울대학교 건축학과 학부생과 대학원생 그리고 나와 함께 건축을 연구하고 토론해준 건축의장연구실의 모든 제자가 있었기에 가능했습니다. 더욱이 이 많은 내용을 담은 책이 출판되도록 세심하게 내용을 검토하고 애정을 다해 가꾸어주신 안그라픽스 출판부는 이 책의 가장 큰 협조자였습니다. 큰 감사를 드립니다.

2018년 2월 관악 캠퍼스에서
김광현

서문

건축은 지어지면 한정된 덩어리가 되지만 그것은 언제나 주변이 에워싼다. 이것을 단순하게는 도시와 자연이라고 말한다. 그러나 건물 주변에는 길과 마당, 도로, 다른 건물들, 나무와 숲과 같은 것들이 구체적으로 이어지고 에워싼다. 이 한정된 덩어리가 그저 한정되어 있지만은 않다. 이 책『도시와 풍경』에서는 건축을 둘러싼 도시, 자연 그리고 풍경의 관점에서 건축의 문제를 자세히 살펴보려 한다.

주변에 대한 건축적 생각이 예전과 많이 달라지고 있다. 20세기 중반까지도 건축은 주변과 단절된 자기중심적인 존재감을 가지고 있었으며, 이런 건축으로 세상을 갱신할 수 있다고도 생각했다. 이때 세상이란 도시를 말했다. 그러나 이제는 주변과 함께 있는 건축을 어떻게 만들 수 있을까 고심하는 시대다. 건축은 덩어리여서 단절될 수밖에 없지만, 그래도 그런 단절을 가능한 어떻게 회피할 수 있을까 활발하게 생각하고 있다.

건축이 모이면 도시가 된다. 그러나 낱개인 건축물을 집합시켰다고 해서 도시가 되지는 않는다. 건축물 속에 이미 도시의 양상을 담고 있어야 도시와 건축의 단절은 해소될 수 있다. 도시 안에 자리 잡고 있는 건축이 아닌 도시를 만드는 건축이 되려면, 건축물이 도시의 양상을 담을 수 있는 설계의 사고가 분명해야 한다. 사람들의 행위가 언제나 활기차게 펼쳐지는 전 세계 곳곳의 건축물은 모두 이렇게 지어졌다.

또한 건축의 주변은 필연적으로 자연으로 둘러싸이게 되는데, 아름다운 나무에 둘러싸이고 창문을 열면 바람이 들어오는 집에만 살아도 사람들은 행복해한다. 아주 사소한 자연물도 건축에 생기를 준다. 그러나 건축과 자연이 늘 이렇게 조화롭지만은 않다. 자연은 건축을 위협하는 존재이고, 건축도 자연을 침해해야 설 수 있는 큰 구조물이다. 그렇다면 건축은 자연으로부터 혜택만 받을 것이 아니라 자연에 무엇인가 해줄 수 있어야 한다.

자연에 갖는 고유한 관점이 문화가 되고 근본적인 사고방식을 낳는다. 건축을 배우면서 저 광대한 자연을 다 알 필요는 없어 보인다. 한 그루의 나무를 진지하게 생각하는 것만으로도 건축하는 데 필요한 지혜를 많이 배울 수 있다. 한 그루의 나무가 건축해야 하는 방법, 자세와 원칙을 가르쳐준다. 나무로 가득 찬 숲과 아무것도 없는 사막은 전혀 다른 문화와 공간 개념을 낳는다. 그래서 건축가는 자연에 대한 자기만의 입장을 분명히 가져야 한다. 이 책에서는 거장 건축가들이 설계한 주택을 통해 그들이 자연을 어떻게 건축에 실현했는지 상세히 설명하고자 했다. 이것은 거장 건축가들이 성실하게 자연을 건축으로 바라보고 있었음을 배우기 위함이다.

정원은 자연을 배울 수 있는 좋은 건축 교과서다. 인공물과 자연물이 섞여 있는 정원은 건축과는 전혀 다른 방식으로 이 둘을 조절한다. 새로운 것을 만들기만 하는 건축가와는 달리, 정원사는 발명하려 하지 않고 이미 있는 것과 새로운 것을 편집하며, 정원을 만들기도 하지만 관리도 한다. 이것은 건축가가 배워야 할 21세기의 설계 자세이기도 하다. 이렇게 정원을 개념으로 공부하는 것은 건축과 자연의 관계를 구체화할 수 있도록 중요한 발상을 하게 해준다.

풍경은 지금 21세기 현대건축과 도시를 아우르는 참으로 중요한 개념이어서 앞으로도 더 많은 관심과 탐구가 필요하다. 엄밀하게는 풍경을 파고들면 참 어려운 개념이지만, 지하철역 입구라든지 편의점 안이라든지 좋아하든 싫어하든 여러 가지를 느끼게 되는 일상적인 장소의 풍경 같은 것을 늘 염두에 두면, 나만이 아닌 다른 이들에게도 열리는 건축의 단서를 발견하게 될 것이다. 작은 디테일이 전체로 이어져 있고, 전체는 아주 작은 것에도 이어진다는 것은 주변과 단절될 수 없는 풍경의 건축을 새롭게 만들 수 있는 토대가 된다.

1장   도시를 만드는 건축

3장   건축과 풍경

1장

도시를 만드는 건축

건축은 대지의 경계보다 훨씬 큰 존재다.
이런 의미에서 도시 안에 지어지는 모든
건축은 제2, 제3의 '도시 건축'이다.

도시는 교통 공간

도시의 시대

도시가 나타나기 이전에 농촌 마을이 존재하고 있었다. 이 마을들은 기본적으로 자급자족하며 비슷한 사람들이 모여 사는 공동체에 지나지 않았다. 그러나 도시가 생기면서 자신이 먹을 것을 직접 생산하지 않는 이들이 모여 살게 되었다. 상업이나 공업 같은 특화된 직업이 나타나고, 사회적인 역할과 그에 따른 계층이 생기면서 도시 전체는 시스템인 집합체를 형성했다. 그렇지만 중세까지만 해도 농촌 사회가 압도적이었고 도시는 예외적인 존재였다. 그 규모도 대부분 10만 명 정도였으며 19세기에도 도시에 거주하는 인구는 전체의 10퍼센트 정도였다. 이런 도시는 공간 구성과 생활방식이 일치하는 운명 공동체적인 존재였다.

결국 도시란 인간이 밀집하여 사는 장소다. 도시가 어떻게 바뀌더라도 이 정의는 변하지 않는다. 도시의 어원이 그리스어로는 '폴리스polis', 라틴어로는 '오피둠oppidum', 게르만어로는 '툰tun=town'이듯이 유럽의 도시는 명확한 경계로 통일된 공간을 가리킨다. 도시의 경계는 외적의 공격에 대비하여 만든 성burg의 벽이며, 그 안쪽의 '시비타스civitas=city'에 사는 사람들civis은 도시 문명을 나타냈다. 도시와 그것에 대립하는 지역 사이에는 경계가 생겼다. 도시의 안과 밖을 넘어가는 경계는 다른 세계로 들어가는 통과의례이기도 했다. 이때까지는 도시의 성격으로 경계의 형상이나 크기가 정해졌다.

도시는 이전부터 있었던 토착적인 공동사회에 '외부'에서 온 사람들이 함께 있도록 조직된 장소다. 전근대사회에서도 토착적인 공동사회가 '외부'를 자기들의 내부로 만드는 과정에서 도시가 성립했다. 도시는 그 이전부터 정주定住했던 마을이나 부족사회를 지배하던 관계를 따르지 않는 공동사회를 말한다. 따라서 도시란 외부를 내부화하는 것, 외부의 정주라고 말할 수 있다.

산업혁명 이후에는 도시의 모습이 크게 달라졌다. 영국 발명가 에드먼드 카트라이트Edmund Cartwright가 만든 근대 방직기紡織機와 제임스 와트James Watt의 증기기관을 시작으로 약 100년 동안 수공업 생산이 대량의 공장 생산으로 바뀌었다. 공업화는 자본주의에 의한 사회·경제 체제의 변화를 일으킨 그야말로 '산업혁명'이 되었다. 시장경제가 발달하고 공업이 발전하자 인구가 집중했다. 19세기 중반에 영국의 도시 인구는 50퍼센트를 넘어섰다. 교통수단과 물류 시스템도 비약적으로 진보하여 사회 전체는 도시의 규모를 넘어 더욱 글로벌하게 움직이기 시작했다. 이렇게 하여 근대 이전에는 공동체적인 사회의 외부에 있었던 것이 근대에는 도시 전체로 들어왔다. 근대도시는 외부의 내부화가 사회 전체에 걸쳐 일어났다는 점에서 이전의 도시와는 크게 달랐다.

이제는 전 세계 대부분의 사람이 도시에 살든, 도시에 살지 않든 간에 도시적인 생활을 하고 있다. 우리나라도 도시계획 구역 안에 사는 인구 비율도시화율이 90퍼센트를 넘는다. 이 정도면 전국이 도시다. 현재 세계적으로 도시화율은 50퍼센트 정도이고 싱가포르가 100퍼센트라 하니, 우리나라의 모든 국민은 도시민이라 할 것이다. 이처럼 현대는 완전히 도시의 시대다.

그렇지만 이러한 과정에서 과도한 인구 집중과 도시의 공동화 현상, 자동차 등의 교통 문제, 에너지의 지나친 소비와 환경 파괴 같은 심각한 도시 문제가 급속하게 대두되었다. 도시는 어원으로 보면 원래 하나의 견고한 성채였지만 이제 그 성벽은 무너져버린 지 오래다. 따라서 도시와 어원이 같은 도시를 발견하기는 점점 더 어려워지고 있다. 고도의 대중소비사회와 고도의 정보화사회가 전 세계에서 동시에 진행되고 있는 현대도시에서는 도시 자체에 명확한 상像이 없으며 도시를 물리적으로만 파악할 수 없게 되었다.

교환과 교통

도시 공간이 도시는 아니다. 도시 공간은 도시라는 장을 담기 위한 미디어이지 도시 자체는 아니다. 도시는 사람들이 머물며 살기 위해 정착하는 어떤 영역과 장소인 구체적인 정주공간定住空間도 아니다. 도시는 도시국가都市國家라는 공동체도 아니다. 엄밀하게 말해서 도시는 커뮤니케이션의 공간이다.[1] 도시가 땅을 근거로 터전을 잡고 머물며 사는 정주 공간이라 여긴다면, 도시는 닫힌 공동체로 해석된다. 도시는 움직이는 곳이고 정보의 커뮤니케이션, 정보의 교환이 일어나는 동적인 곳이다. 도시의 커뮤니케이션이 정체되면 도시도 외관을 남긴 마을이 되고 만다. 도시란 공동체의 내부에 있지 않다. 도시는 본질적으로 교환에서 성립하는 곳이며, 따라서 언제나 공동체의 외부에 있다.

도시커뮤니케이션에서 교환이란 재화의 교환에서 정보의 교환에 이르기까지 광범위하다. 도시에서 교환은 나와 타자他者 사이에서 기호나 물질 또는 신체가 개입될 때 일어난다. 도시는 일정한 건물과 공간으로만 존재하는 정주 공간이 아니라 '교통'의 장소, '교통'의 공간이다.[2] 여기에서 '교통'은 버스나 전철 같은 교통수단이 아니라 타자 간의 교류, 이동, 정보 교환을 뜻한다.

건축사가 스피로 코스토프Spiro Kostof는 도시를 아홉 가지 항목으로 나누어 정의한다. 그중에서 두 가지 정의를 꼽는다면 첫째 "도시는 다른 도시와 공존하지 않고서는 존재할 수 없다."는 것이다. 다른 도시, 즉 외부 사이에 존재하는 '교통'이 도시를 만든다는 뜻이다. 또 다른 정의로 "도시는 도시 외곽의 농촌과 긴밀하게 결속되어 있다."[3]고 할 때는 도시가 '내부'라는 도심과 '외부'로서의 교외로 연장되어 있다는 뜻이다. 따라서 두 가지 정의 모두 도시를 닫힌 영역과 정주성만으로 보지 않는다.

본래 도시가 있어서 교통이 생긴 것이 아니다. 교통이 있어서 도시가 만들어진 것이다. 예를 들어 페트라Petra를 보라. 이 도시는 옛 나바테아 왕국Nabatea의 수도였고 고대 대상 세계의 수도였다. 그러던 도시가 향신료 같은 귀한 물품의 교역이 끊기자 쇠락하고 말았다.

교통과 물건의 흐름과 교환이 이 도시를 만들었는데, 이는 오늘날에도 마찬가지다. 오늘날 홍콩이라는 식민지 도시와 싱가

포르라는 국가도시는 필연적으로 세계의 다른 도시와 관계를 맺은 세계 도시로만 존재한다. 서울이나 도쿄, 런던이나 파리, 뉴욕은 국가라는 공동체 안에 들어 있으면서 주변 도시와의 관계를 훨씬 넘어서 세계 도시로 존재하고 있다. 공동체 안에 있으면서도 세계라는 외부와 소통하는 도시여야 도시의 존재 이유가 있다. 이처럼 도시는 종래의 도시계획, 도시 설계에서 말하는 범위에서 넘어설 필요가 있다.

과거가 쌓이는 도시

그럼에도 도시에는 사람들이 살아온 기억의 흔적과 역사가 쌓인다. 계속 변하는 도시라도 변하지 않는 요인이 지속하여 미래로 이어지는 바가 있다. 도시는 변하지 않는 과거의 기억을 불러일으키는 터전이며, 변하기 쉬운 풍부한 요소를 함께 가지고 있다. 그것이 도시의 본성이다. 아무리 그 안에 건물을 단순하게 집적시켜 규모가 커져간다고 해도 어느 날 갑자기 도시가 만들어지지는 않는다. 규모가 작은 도시라도 건축물의 성격이 뚜렷하고 도시와 등가를 이루는 건축물이 많을 때 비로소 창조적인 도시가 된다. 주택이 사적인 침실과 가족이 모이는 거실로 이루어지듯이, 도시를 이루는 공간은 예나 지금이나 그리 큰 차이가 없는 것이 많다. 앞으로 정보화사회가 계속 진행된다 할지라도 이러한 도시 공간의 요소는 기본적으로 바뀌지 않을 것이다.

도시의 가치는 도시의 거리에서 매일매일 영위되는 생활의 질에 있다. 물리적인 건축과 도시만이 아니라, 그곳에서 살고 있는 생활로 도시 공간을 말할 수 있어야 한다. 도시가 이동과 통신으로 팽창해간다고 해도, 팽창하여 나타나고 사라진 흔적은 어딘가에 남게 되어 있다.

고대 로마시대의 벽이나 도시의 문을 통해 옛 시가지의 모습을 볼 수 있고, 바깥쪽을 감싸는 환상環狀 도로는 도시가 팽창된 흔적을 남기고 있다. 이런 흔적의 어떤 것은 잊혀지기도 하지만 어떤 것은 새로운 도시와 함께 구성되기도 한다. 빈의 '링슈트라세Ringstraße'는 이전의 성벽이 무너지고 생긴 지대였다. 그러나 지금은 이것이 도시의 근대적 확장성도 나타내고 당시의 문화적인 보수성도 나타내고 있다. 질도 다르고 성질도 다른 구축물이 혼재해 있는 것이 오늘날의 대도시다. 도시의 역사적인 구조란 새로운 것과 오래된 것 사이에서 사는 사람들의 기억을 흔적으로 담고 있는 일종의 '막膜'과 같은 것이라고 할 수 있다.

도시를 건축한다

신전에서 광장으로

고대 그리스에서는 신전이 아크로폴리스Acropolis 위에 세워졌다. 도시에서는 아크로폴리스 위에 있는 신전을 올려다보아야 했다. 신은 인간 사회를 초월해 있기 때문이다. 신화의 논리는 인간 사회의 논리보다 우월했다. 세속적인 공간에도 신전은 세워졌다. 아테네의 아고라Agora 서쪽 높은 곳에는 파이스투스Phaestus 신전이 세워졌고, 헬레니즘기期에는 아고라 중앙에 아레스Ares 신전이 세워졌다. 마치 아크로폴리스 위에 있던 파르테논Parthenon이 땅으로 내려와 도시 공간 한가운데를 차지하는 듯한 과정이었다.

그러나 고대 로마에서는 아테네처럼 저 위에서 도시를 내려다보는 아크로폴리스 같은 존재는 없었다. 약간 높은 언덕에서 도시의 심장부를 가까이 내려다보는 신전이 있었을 뿐이다. 로마의 공화정 시대에는 캄피돌리오Campidoglio 언덕에 주피터Jupiter 신전이 있었고 그 기슭에 포럼Forum이 세워졌다. 그러나 포럼 안에도 많은 신전은 세워졌다. 신전은 신만 섬기는 곳이 아니라, 황제나 인물의 이름이 붙은 신전처럼 역사적인 사실이나 사회와 밀접한 관련이 있었다. 신전은 세속화되었고, 이런 신전을 통해 국가적인 정사가 신성하게 여겨졌다.

포로 로마노Foro Romano는 공공 건축물이 늘어서 있는 정치와 행정의 중심지가 되었다. 그 안에는 황제들이 개선하고 돌아오는 길이라는 뜻으로 이름 지은 비아 사크라Via Sacra, 성스러운 길가 지나갔는데, 이것은 아테네의 아크로폴리스를 향하던 제사의 길과는 다른 것이었다. 도시 안에는 개선문이 세워졌고 세속적인 기념비가 포로 로마노를 채웠다. 신들의 세계와 정치의 세계는 구별되지 않았다.

로마 황제 하드리아누스Hadrianus는 마르쿠스 빕사니우스 아그리파Marcus Vipsanius Agrippa가 기원전 27년에 세운 범신전인 판테온Pantheon을 개축하여 오늘의 구형球形 건축을 세웠다. 판테온은 모든 신을 하나의 신전에 모신다는 새로운 신전 사상에서 나온 것이지만, 이를 구형으로 나타냈다는 점에서는 그야말로 획기적인 신전 건축이었다. 사각형 평면인 일반 신전에서는 안쪽을 향하는 시선이 정해져 있어서 신과 인간의 관계가 일대일로 마주보는 관계에 있었다. 그런데 이 구형의 건축 안에서는 시선의 방향성이 사라진다. 이제는 사람이 전 우주에 대하여 서게 되고, 신들의 세계는 지상의 세계로부터 자립한 공간을 소유하게 되었다.

이렇게 판테온 신전은 신들의 세계에 대한 사고방식이 도시의 내부에 구체적인 모습으로 표현된 것이었는데, 이는 고대 로마 사람들이 도시 공간에 대한 입장, 곧 우주를 지배하는 것은 신들이라는 신념을 가지는 데 아주 중요하게 작용했다. 도시 공간조차도 이렇게 여겨졌다. 신전이 도시 안에 어떻게 배치되는가는 도시 공간의 이미지를 반영한 것이었다.

고대 그리스에서는 기원전 5세기에 밀레투스의 히포다무스 Hippodamus of Miletus가 명쾌한 도시계획 이론을 만들었다. 그는 시가지로 만들 땅을 성스러운 지구, 공공 지구, 사적인 지구 등 세 가지로 나누고 도로를 격자형으로 정돈했다. 이렇게 하여 도시 안에는 종교 공간, 공공 공간, 교역 공간이 삽입되었다. 이러한 시설이 들어서면서 도시의 격자가 조정되었고 변화 있는 공간의 연쇄가 이루어졌다. 그렇지만 직교좌표直交座標는 유지되었으므로 건축의 벽면선이나 기둥의 열도 거의 직교했다. 건물이 증축될 때도 이러한 정합성이 그대로 유지되었다. 아테네에는 이런 격자형 도로가 없었으며 아고라도 부등변사각형이었고 판아테나이아Panathenaia 행렬 길도 아고라를 대각선으로 가로질렀다. 격자형의 계획도시에서 아고라는 사각형이었고 행진을 위한 길을 대각선으로 삽입했다.

오스티아Ostia는 군사적인 목적으로 세운 카스트룸castrum이었으나 이것이 점차 확대되어 남북 도로인 카르도cardo와 동서 도로인 데쿠마누스decumanus의 연장로를 따라 시가지가 확대되었으므로, 사각형의 도시 핵으로부터 촉수를 뻗는 듯한 도시 형태를 이루었다. 도시 벽은 이 시가지를 에워싸듯이 건설되었으므로 넓은 공지를 그 안에 넣을 수 있었다. 카르도와 데쿠마누스는 카스트룸 안에서는 새로운 도시 문을 향해 거의 직선으로 뻗어 있는 도로지만, 일단 그곳에서 나오면 직교좌표를 따르지 않고 그때그때의 사정에 맞추어 흩어져갔다.

공공건물은 기하학적 질서를 따르고 사적인 공간은 개개의 입지 조건과 기능 때문에 비기하학적이었다. 신전을 중심으로 한 공공 건축물은 격자형의 가구를 따르지만, 일반적인 주택 건축은 이 도로에 마주하고 세워지기 때문에 반드시 벽선에 직교하지 않고 일그러진 평면형을 하고 있었다. 고대의 도시 공간이 격자형 도로 시스템이나 엄격한 기하학적 질서를 따른 이유는 오늘의 시점으로는 이해하기 어렵지만, 공공질서 의식 뒤편에 신이 감시하고 있다고 보았기 때문이었다.

판테온의 완벽한 기하학도 인간이 신들에게 기하학적 형태로 복종함을 나타냈다. 도시계획이나 건축도 그러한 정신을 반영해 기하학적 질서를 따랐다. 도시 공간은 신들에게 감시받고, 감시를 받음으로써 사회가 보호받는다고 여겼다. 신전이 있는 성역에서만 의식이 이루어지던 때는 도시 공간이 그렇게 기하학적이지 않았다. 그러나 신전이 도시 중심에 놓이자 도시의 일상생활도 의식화되었다. 형이상학적 형태에서 실리적이고 기능적인 기하학적 계획으로 옮겨가는 과정에서도 신들은 인간을 따라갔다.

중세 초기의 성채 도시bourg에 일이 없는 농촌 사람들이 몰려오면서 봉건 조직의 틀 밖에서 생활하던 장인과 상인이 늘어났다. 이런 사람들을 수용하기에는 중세 도시가 너무 작았으므로 성문 앞에 성밖faubourg이라는 지구를 만들었다. 이렇게 중세 도시는 커져갔다. 중세 도시의 광장이나 시장은 대략 400미터였고, 도시 중심에서 성벽까지의 거리는 아무리 멀어도 600미터가 안 됐다. 이는 사람이 건물과 사람을 눈으로 인식할 수 있는 거리이며 육성으로 목소리가 전달되는 거리다. 중세 도시의 모습이 아직도 잘 남아 있는 도시를 걸으면, 폭이 4.5미터를 넘는 길이 드물 정도로 좁고 구불구불한 골목길 투성이라는 걸 알 수 있다. 좁으면 길이고 가다가 넓어지면 광장이다. 전체적으로는 무질서하여 복잡할 것 같지만 길을 잃을 염려는 없다.

이렇게 도시 안에서 살게 된 장인과 상인을 부르주아지bour-geoisie라고 불렀다. 이들은 11세기에서 14세기에 급속도로 증가했다. 그러나 농촌 주민들은 도시에서 소비하는 생활 물자를 생산하면서도 도시인들과 같은 권리를 갖지 못했다. 경제·정치적으로는 국가적 또는 국제적이었으나 정치에 대한 권리는 도시 주민에게 한정되어 있었다. 농촌 주민들에게는 고대 그리스의 민회 같은 것이 없었다. 그 대신 도시자치체commune가 독자적인 법률을 가지고 각 개인이나 집단 위에 서 있는 국가를 탄생시켰다.

그리스의 폴리스에서 시민들이 모이는 장은 아고라였고 고대 로마에서는 포럼이었다. 아테나이에서 시장, 도서관, 각종 공공시설이 있던 아고라는 성역인 아크로폴리스 언덕 바로 아래에 위치하고 있었다. 이것은 곡물신의 죽음과 재생 의식인 엘레우시스Eleusis의 제사가 치러지는 엘레우시스 동굴에서 아크로폴리스를 향하는 제사 통로인 판아테나이아 길을 축으로 기원전 5세기 무렵부터 서서히 형성된 광장이었다. 그러나 파르테논을 비롯한 신전 건축이 보여주듯이 고대 그리스에서는 공간을 건물로 에워싼다는 의식이 그다지 강하지 않았다. 그러던 것이 고대 로마에 와서는 광장을 둘러싸게 되었다.

르네상스 이후 유럽에서 광장을 정비한다는 것은 곧 광장의 파사드façade를 정비하는 일이었다. 루이 15세 때 파리에서는 파사

드만 건설하고, 그 뒤에 있는 토지는 분양하는 일까지 있었다. 물론 이것은 기념비적인 광장을 만드는 경우지만, 광장이라는 공간의 의식적 구축은 항상 유럽 도시의 과제였다.

광장은 도시의 내부이고 도시 설계의 핵심이다. 이는 도시란 건물만으로 이루어지는 것이 아님을 말한다. 가로와 광장이 없으면 도시의 모습이 갖추어지지 못한다. 건물로 덮여 있지 않은 것, 곧 가로와 광장처럼 건물로 덮여 있지 않은 인프라가 제대로 기능할 때 건물은 생명을 얻을 수 있다. 도시는 건축물 말고도 다양한 인프라로 만들어진다.

그런데 무엇이 광장과 가로를 만들었는가? 다름 아닌 건축물의 강한 작용이다. 건축이 도시를 만든 것이다. 광장만 두고 보더라도 도시는 건축에서 출발하여 만들어진다는 사실을 알 수 있다. 건축물이 없으면 도시는 성립하지 못한다. 20세기 후반 반세기 동안의 도시는 도저히 헤아릴 수 없을 정도로 다종다양한 건물로 이루어져 있었다. 이것을 두고 도시에는 건물이 많다고만 보면 안 된다. 도시를 만들어내는 것이 건축이며, 도시에 사는 사람들은 반드시 건축물 안에서만 생활하는 것이 아님을 깊이 인식해야 한다.

무대와 극장의 도시

본래는 도시 자체가 '극장'이었다. 중정과 그 배경이 되는 팔라초 palazzo 그리고 그 사이에서 일어나는 연극. 이 건물이 놓이는 환경은 실제로 일상생활의 장이었다. 이러한 일상의 장이 일종의 극장 theatro 역할을 했다.

극장이라는 빌딩 타입이 없던 때에 중정에서는 배경 건물이 '극장'의 환경이 되고, 그 환경은 다시 '도시'로 확대되었다. '극장'이 곧 '도시'였다. 도시의 표상으로 건축이 만들어지게 된 것이다. 극장이라는 상황은 중정으로 환원될 수도 있고 도시로 확대될 수도 있었다. 그래서 극장이라는 빌딩 타입은 본래부터 건물로 정해져 있지 않았다.

건축은 길 위의 일상 공간에서 일어나는 사건을 전용 공간에서 일어나도록 만든 것이다. 극장은 본래 길 위에 시작되었다. 중세에는 길과 광장에서 연극이 공연되었다. 그때는 연극을 위한 특징한 시설을 갖추지 못했다. 그렇다고 아무데서나 공연할 수는 없었다. 연극은 대체로 왕후나 귀족들의 팔라초 중정cortile에서 이루어졌다. 중세 이래의 전통으로, 중정은 연극이 아닌 다른 행사가 이루어지는 공적 공간이었고 일종의 의식적儀式的인 기억이 있는 장소였다. 중정이라는 개방적인 외부공간은 극장이라는 건물로 따로 떨어져 만들어지기 이전에 극장 역할을 했다.

그러다가 정기적으로 공연하기 쉽게 건물을 만들었다. 최초의 근대적 극장, 비첸차Vicenza의 테아트로 올림피코Teatro Olimpico는 안드레아 팔라디오Andrea Palladio가 설계한 것이지만 완성은 그의 제자를 자임하는 빈첸초 스카모치Vincenzo Scamozzi가 했다. 스카모치는 무대 배경에 깊이를 가진 다섯 개의 방사형 '길'을 만들었다. 그 길에는 투시도적 착시를 이용한 궁전과 호화로운 저택이 그려져 있다. 일상이 일어나는 도시의 공간에서 연극을 재현하고자 했기 때문이다. 그만큼 극은 극장이라는 고정된 장소가 아니라 먼저 '길'에 있었다.

르네상스 화가들은 투시도법을 사용했고 그중에서 어떤 것은 거리에서 행해졌던 수난극 등의 상연을 연상시켰다. 특히 피에로 델라 프란체스카Piero della Francesca의 〈채찍질당하는 그리스도 Flagellation of Christ〉라는 그림이 유명했다. 무대 공간이 회화에도 영향을 미친 것이다.

필리포 유바라Filippo Juvarra는 18세기 초 토리노에서 독특한 바로크 양식의 건물을 지었던 건축가인데 무대장치가로서도 유명했다. 무대장치란 현실적인 쓰임새를 담고 있는 것이 아니어서 배경 자체로는 매우 자유로운 공간이었다. 비비에나Bibiena 가문은 건축가, 무대장치가 등을 배출한 유명한 집안이었으며, 이들은 유럽 바로크 공간에 큰 영향을 미쳤다. 그중 한 사람인 주세페 갈리 다 비비에나Giuseppe Galli da Bibbiena는 18세기 전반 빈이나 드레스덴

Dresden에서 활동했고, 그가 만든 무대장치 도판집이 아직 남아 있다. 그런데 무대장치에 쓰인 아케이드arcade는 두께가 없고 오직 통로로만 쓰이는 듯한 구조물로 표현되어 있다. 그러나 이 아케이드는 공간 저 깊은 곳으로 진행된다. 그 안에는 현실 공간이 아닌 오직 공간 그 자체만이 표현되어 있다. 극장 공간이 이제는 건축 공간에 일루전illusion을 일으키는 역할을 하게 된 것이다.

바로크 시대의 극장은 왕과 귀족의 좌석이 무대를 향하지 않고 객석을 마주하고 있었다. 극을 보기 위한 것보다도 사교가 더욱 중요했기 때문이다. 19세기에 들어와 고트프리트 젬퍼Gottfried Semper가 고대 그리스 극장을 부활시키고자 한 것은 극장을 무대 중심으로 바꾸기 위해서였다.

무대라는 배경에서 자유로이 그려졌던 공간이 이제는 현실의 공간을 만드는 데 큰 영향을 미쳤다. 그 현실 공간은 다름 아닌 광장이었다. 성 베드로 성당Basilica papale di San pietro에 거대한 광장을 만든 이는 잔 로렌초 베르니니Gian Lorenzo Bernini였다. 그는 1586년에 다른 곳에 세워졌던 오벨리스크obelisk를 이곳으로 옮기고 그 주위에 장대한 '팔'인 회랑을 둘렀다. 이 회랑은 더운 여름날 그늘을 만들고 열주 사이로 건물과 사람들을 모이게 했다. 더 중요한 목적은 성 베드로 성당의 파사드를 이 대회랑에 붙여 무대장치적 효과를 극대화하려는 데 있었다. 그러나 그것은 겉보기의 무대장치가 아니라 건축이 도시와 확실히 결합하는 장치였다.

나보나 광장Plazza Navona에는 베르니니가 만든 세 개의 분수가 놓여 있다. 이 광장은 본래 도미티아누스Titus Flavius Domitianus 황제 때 전차경기장이었다. 위에서 보아도 전차경기장의 자취가 남아 있는데, 둘러싼 건물들의 자리가 본래 경기장의 관객석이었다. 미켈란젤로의 캄피돌리오 광장Piazza del Campidoglio에는 콘세르바토리 궁전Palazzo dei Conservatori과 마주하는 곳에 이것과 예각을 이루도록 새 건물을 지어서 이 두 건물로 역투시도법 공간을 만들었다. 계단도 역투시도법으로 되어 있다. 이렇게 하여 마치 광장에 있는 듯한 착각을 일으킨다. 광장이 도시의 무대장치가 된 것이다.

스페인 광장Piazza di Spagna˙은 도시의 뛰어난 무대장치다. 이 광장은 다섯 개의 길 중 세 꼭짓점을 이은 삼각형으로 정면에는 계단이 놓여 있다. 이것도 식스투스 5세Sixtus V가 만든 도로의 한 종점이다. 바티칸에서 이 산타 트리니타 데이 몬티 성당Chiesa della Trinità dei Monti이 있는 언덕에 이르는 길을 계획한 다음, 그 종점에 오벨리스크를 세웠다. 이 계단 이름은 트리니타 데이 몬티 계단Scalinata di Trinità dei Monti인데 보통 스페인 계단이라 부른다. 이 종점에 해당하는 경사면을 계단으로 만들어 그 전체가 무대가 되었다. 흔히 도시를 무대니 극장이니 하면 겉보기만을 위한 허구적인 장치를 떠올리지만, 이 스페인 광장과 스페인 계단은 시민의 생활을 있는 그대로 담고 있다는 점에서 오늘날에도 도시에 활기를 불어넣는 원천이 되고 있다. 루이스 칸Louis Kahn은 '연계連繫의 건축architecture of connection'이라는 말을 했는데, 이 말을 이해할 수 있는 가장 적절한 예가 스페인 계단이다.

시에나의 아름다운 중앙 광장을 '캄포 광장Piazza del Campo'이라고 부른다. 이 광장에는 본래 고대 로마의 포럼이 있었다. 이 도시는 고대 로마의 도시 구조를 바탕으로 하고 있다. 조개껍질 모양의 캄포 광장에는 가장 낮은 곳에 팔라초 푸블리코Palazzo Pubblico라고 하는 코무네Comune 시청이 있다. 16세기 이후부터 팔리오Palio라는 지구 대항 경마 경기가 이 광장에서 행해졌듯이, 이곳은 축제나 공적인 의식의 장, 곧 생활과 함께하는 연극 무대로 사용되고 있다.

베네치아Venezia는 자연발생적인 도시가 아니다. 이 도시는 몇 세기에 걸쳐 만든 철저한 인공도시다. 게오르크 짐멜Georg Simmel이 말했듯이 베네치아는 이 도시 전체가 무대장치라고 해도 될 가면의 도시다. 주요 도로인 카날 그란데Canal Grande는 치밀하게 계산되어 이 도시 어디라도 갈 수 있게 합리적인 위치에 놓여 있다. 카날 그란데를 따라 늘어선 귀족과 호상湖上 주택이 그대로 베네치아의 얼굴이 되었다. 산 마르코 광장Piazza San Marco 은 그 자체가 극장이다. 1444년 조반니 벨리니Giovanni Bellini가 그린 유명한

〈산 마르코 광장의 십자가 길〉에서 묘사했듯이 종교 행사를 열고 다른 나라의 귀빈이나 사절을 마중하는 곳이기도 했다.

도시에서 가로를 극장으로 이해한 예는 많다. 본래 공공 공간이란 인간과 사회가 상호작용하는 공간이며, 그 안에서는 보는 사람도 있고 보이는 사람도 있으며 참가하는 사람과 그렇지 않은 사람도 있다. 그래서 공공 공간은 배우와 관객이 있는 극장과 닮은 데가 많다. 독일 철학자 발터 베냐민Walter Bejamin은 건물이 '극장'과 같다고 흥미로운 지적을 한 바 있다. "건물은 많은 사람이 공유하는 무대로 쓰인다. 건물은 셀 수 없이 많고 동시에 활기찬 극장으로 나뉜다. 발코니, 중정, 창문, 출입구, 계단실, 지붕은 무대이자 동시에 특별석이다."⁴ 이렇게 생각하면 건축을 이루는 요소들, 특히 공公과 사私가 만나는 요소인 발코니와 중정 등은 건축 안에 있는 극장적 요소다. 따라서 건축물 안에는 이미 도시의 공공 공간이 담겨 있다.

도시 건축

일반적으로 도시 설계urban design란 건물이 차지하는 공간을 제외한 부분, 그러니까 건물 외벽의 바깥에 있는 공간을 설계하는 것을 말한다. 도시 설계는 2차원적인 도시계획과는 달리 3차원의 공간을 세부적으로 다룬다. 이는 건축이 건축물의 외벽 안쪽을 설계하는 것, 도시 설계는 그 바깥쪽의 건축물 사이에 있는 공간을 다룬다고 규정한 것인데, 주요 대상을 어디까지나 물리적인 조건으로만 구분했기 때문이다. 그러나 이것은 근대주의적 도시에 대한 관념에서 비롯한 것이다. 오늘날의 대도시에는 인프라와 건축물의 결합이 요구되고, 현대도시인의 생활이 공공 공간과 건축물과 긴밀한 관계를 맺고 있다. 따라서 이러한 시각으로는 오늘의 복잡하고 다양한 건축물과 그것이 집적되는 도시 공간을 능동적으로 해결할 수 없다.

판테온이 없는 로마, 엠파이어스테이트 빌딩Empire State Building이 없는 뉴욕을 생각할 수 없으며, 오페라하우스Opera House가 없는 시드니도 생각할 수 없다. 물론 로마나 뉴욕, 시드니는 이런 건축물이 들어서기 전에도 그곳에 있었다. 그러나 이 건물들이 지어졌기 때문에 이후에 이것들이 없어진다면 도시는 의미를 잃고 역사도 잃고 말 것이다. 그런데 근대도시는 건축물을 도시 구성의 부품으로 종속시켜버렸다. 도시계획은 물적인 배치와 용도 지역을 지정하고 효율과 기능이라는 질서를 부여하여 연속적 공간을 관리하기 위해 등장했다. 그리고 생활 전체의 공간과 시간을 '산다' '일한다' '논다'와 같은 분절된 단위로 나누거나 배분하며 하나하나의 건축물을 제어해왔다.

도시는 일차적으로 수많은 구체적 형태로 구축된 공간이며 장소다. 건축은 물리적인 실체를 갖춘 도시 안의 입자이며 생활 무대다. 마찬가지로 도시도 생활하는 사람들의 무대인 물리적인 실체다. 따라서 생활은 건축과 도시로, 내부와 외부로 갈리지 않는다. 건물은 가로를 만들고 건물의 형태가 광장의 성격을 결정한다. 건물은 동물이 촉수를 내밀고 있듯이 도시를 향해 무언가 고유한 접점을 갖고자 한다.

'도시 건축'이라는 개념은 도시개발이 각각의 건축물을 개발하여 최대의 이익을 노리려는 데 대한 반성에서 시작했다. 그러나 이런 개념만으로는 건축으로 도시를 만들어갈 수 없다. '도시 건축'은 도시에 짓는 건축이 아니다. 도시에 짓는 건축이 도시 건축이라면, 농촌에 짓는 건축은 농촌 건축이 된다는 말과 똑같다. 농촌을 만드는 건축이 농촌 건축이어야 하듯이, 하나의 건축이 도시를 구성하는 인자가 되는 건축, 건축에 관계하는 것, 도시에 직접 관계하게 하는 것이 '도시 건축'이다.

알라딘의 램프 이야기는 '도시 건축'이 어떤 것인지를 말해준다. 램프를 문지르면 거대한 정령 지니가 나오는데, 이 거인은 배고프다고 하면 먹을 것을 가져다주고 어디 가겠다고 하면 하늘을 날아다니는 카펫으로 변한다. 램프라는 조그마한 부분 속에 커다란 부분이 들어 있다. 이 이야기처럼 도시 건축은 도시를 품고 있는 건축이다.

중세 도시를 두고 "도시의 공기는 인간을 자유롭게 한다."는 말이 생겼다. 중세 도시는 자유로운 생활, 거주 이전의 자유가 보장되고 재산과 물건을 마음대로 사고팔 수 있는 곳이었다. 인간을 자유롭게 하는 '도시의 공기'가 도시의 가장 큰 매력이라는 뜻이다. 그러면 이 '도시의 공기'란 무엇일까? 수많은 사람이 모여 살면서 무수한 것들이 겹치고 충돌하고 공존하며 때로는 불편함까지도 포함된 도시의 복잡한 다양성 전체가 '도시의 공기'다. 도시에서 경험할 수 있는 공간적인 특성, 도시에서 생활하며 느끼는 매력과 즐거움을 포함하는 건축이 '도시의 공기'를 담은 건축이다.

'도시 건축'은 도시가 지향하는 목표로 이어지도록 공공 공간이나 녹지 등으로 풍부한 도시 공간을 자율적으로 형성하는 건축물이다. 그런데 도면으로만 보면 모든 건축물은 대지의 경계 안에서 선line으로 그려진다. 그래서 많은 사람이 커다란 도시에 비해 건축은 도시계획으로 규정된 한계 안에 갇혀 있는 작은 물체라고 여겼다. 그러나 그렇지 않다. 도시 공간 안에서는 건물과 건물, 나무와 가로등 같은 오브제가 언제나 겹치는 풍경과 만나게 된다. 하늘, 아스팔트 도로, 가로수, 가로등, 저 멀리 보이는 건물군 또는 가까운 곳에 있는 작은 임대 건물은 모두 대지의 경계를 넘어 도시의 풍경을 만들어낸다. 건축설계란 결코 대지 경계의 내부만을 설계하는 것이 아니다. 화선지 위에 물감이 번져나가듯이 건축물은 일단 짓고 나면 건조 환경 속으로 번져나가는 얼룩stain과 같은 존재다. 이렇게 생각했을 때 건축은 대지의 경계보다 훨씬 큰 존재다. 이런 의미에서 도시 안에 짓는 모든 건축은 제2, 제3의 '도시 건축'이다.

우리는 주소를 쓰듯이 도시를 생각해왔다. 내 연구실 주소는 "대한민국 서울시 관악구 관악로 1 서울대학교 공과대학 39동 건축학과 528호"였다. 큰 것에서 작은 것으로, 서울시에서 구로, 길로 조금씩 작아진다. 이것이 이제까지 도시계획에서 생각하는 방식이다. 이런 방식은 도시 건축을 도시의 부품 정도로 여기기 쉽고 건축물은 그 자체만 잘 지으면 된다고 믿게 만든다. 그러나 영어 주소는 방부터 쓰고 그다음 건물 그리고 길 순서로 쓴다. "Room No. 528, Building 39, College of Engineering, Seoul National University, 1 Gwanak-ro, Gwanak-gu, Seoul, Korea" 건축을 통해 도시를 만드는 방식이 따로 더 있다는 뜻이 아닌가.

　　도시는 빈 땅에 건물을 짓듯이 한번에 만들어지지 못한다. 도시는 언제나 '이미 있는 부분'에 또 다른 개입을 계속함으로써 얻어질 뿐이다. 그러므로 도시는 언제나 부분적인 개입으로만 수정되어간다. 도시계획이나 도시 설계가 처음부터 완전히 만들어진다는 것은 그 자체가 불가능하다. 도시의 토지 이용에 대한 규제나 형태 규제는 건설 행위를 제어할 수는 있어도, 건축물과 인프라가 그 규제에 맞게 건설되지 않는 한, 도시는 긴 시간에 걸쳐 실현된다. 때문에 도시는 건축물 등의 적극적인 개입 없이는 그 본모습을 만들어갈 수 없다.

부분이 자발적인 도시

도시란 만들어낸 사람들의 의도를 순수하게 표현하는 것이 아니며 표현할 수도 없다. 도시 안에는 우연적인 것, 불완전한 것이 무수히 담겨 있다. 그 불완전함이 도시의 본질이다. 모로코 마라케시Marrakesh에 있는 수크souk라는 아랍 시장은 그늘을 만들기 위해 발 모양으로 엮은 나무 덮개로 골목을 덮어 놓았다. 이 덮개로 강렬한 빛이 걸러지고 바닥에는 띠 모양의 그림자가 생긴다. 이 그림자는 마치 섬세한 천이나 투명한 유리처럼 느껴진다. 문자 그대로 빛의 골목이다. 이스탄불의 바자르Bazaar에서도 이런 빛의 골목을 볼 수 있다. 나무로 엮은 덮개 덕분에 더운 날씨에도 시원한 그늘이 생기고, 가게와 물건과 사람이 하나가 되는 친숙한 길이 생긴다. 번잡한 시장 한복판에 사람과 물건과 빛이 하나가 되는 경험을 하는 이곳은 건축인가 도시인가? 구별이 안 된다면 왜 그럴까? 가게의 연장이 길이고, 길이 가게이기 때문이다. 또한 수크를 걷는 사람도, 가게에 진열된 물건들도, 골목을 비추는 수많은 빛도 부분이되 모두 자발적인 부분이다. 여기에서 자발적이란 무엇에 의해 계획되지 않고 부분이 고유하게 떨어져 있으면서도 다른 것에 이어지며 누적되는 것을 말한다.

누군가 설계해서 만든 도시는 거의 없다. 오래된 도시는 계획되지 않았으며, 자발적인 부분이 무수하게 누적된 결과물이다. 브라질리아Brasilia처럼 오스카르 니에메에르Oscar Niemeyer라는 한 사람의 건축가가 설계한 도시도 있지만 이런 도시는 거의 대부분 실패했다. 도시란 무수한 사람이 관여하는 것이고, 오랫동안 지속하며 성장은 해도 완성이라는 것이 없다. 설령 도시가 사라진다고 해도, 도시는 사라질 때까지 계속 생성된다. 마라케시의 수크는 자발적으로 만들어졌고, 새로 계획된 도시라도 시간이 지남에 따라 자발적으로 생성된 부분이 뒤따라 나타난다.

도시계획은 위에서 계획적인 규칙을 만들지만, 아래에서는 마을 만들기와 같은 관습과 자율적인 경험 수법도 함께 나타난다. 도시에 계획도시, 식민도시, 뉴타운 등이 있다면, 건축에는 고층 건물, 규격화된 주택 등이 있다. 그러나 전통적인 도시에는 오래된 민가가 있다. 르 코르뷔지에Le Corbusier가 설계한 인도의 찬디가르Chandigarh 중심부는 사람이 잘 거닐지 않아 잘못 계획되었다고 비판받지만, 이 도시의 대부분을 차지하는 인접한 주택 지역과 상가는 차분하고 생활의 활기가 있다.

현실감이 있는 건축과 도시는 몸이 닿는 가까운 곳의 작은 환경에서 시작한다. 글로컬glocal이라는 조어처럼 글로벌한 기후가 지역적인 일상 기후와 연결되어 있듯이, 세계적인global 방향과 지역적인local 방향에서 환경적, 경제적, 사회적 수요가 교차하고 있다. 건축 논의가 만족스러운 현재의 삶에 가치를 두면서 작은 스케일과 주변부로 관심이 옮겨가고 있다. 정보화로 도시와 사람들의 생활이 균질해지는 듯하지만, 이면에는 장소의 특성이 공존한다. 정보화사회가 진행될수록 지역, 장소, 자발적인 작은 부분에 대한 관심은 점차 커지고 있다.

도시 속의 방

주민을 영어로 'inhabitant인해비턴트'라고 한다. 주민은 '관습habit'을 받아들이며 그 '안in'에 산다는 뜻이다. '관습'이란 사람에게는 공동의 풍습과 도덕이 있고 공동의 기억과 이미지 그리고 공통의 질서가 있음을 말한다. 이것이 사람이 도시에 사는 이유다. 그렇다면 '안in'이란 무엇인가? 사람들이 일상을 살아가는 데 소중한 대부분의 질서가 도시와 건축이라는 구체적인 공간의 '안'에 확립되어 있어 그 공간에서 생활하고 일하고 배움으로써 그 안에 사는 주민이 된다는 뜻이다. 주민은 건축물에도 살고 도시에도 산다. 건축물의 주민과 도시의 주민이 따로 있지 않다.

크기가 작은 건축은 크기가 큰 도시를 품을 수 없으므로 건축은 도시가 될 수 없다. 그런데도 '건축 속의 도시'는 가능할까? 가능하지 않다면 방 다음에는 건물이고, 건물 다음에는 도시만 가능하게 된다. 그러나 모든 부분이 완결되어 있어야 하는 근대의 기능주의에서는 '건축 속의 도시'라는 개념이 성립하지 않는다.

건축 이론에서 도시는 건축의 집합체다. 도시가 건축의 집합체라 함은 단순히 건물이 많이 모여 있기 때문이 아니다. 건축은 자기를 둘러싸고 공간을 한정하므로 도시는 건축의 집합체가 된다. 건축과 마찬가지로 도시도 우리가 사는 공간이고, 도시의 본질이 공간이므로 건축이 연장되고 연속한 것이 도시다. 만일 건축이 도시로 연속하는 것이 아니라면, 건축이 커다란 방이더라도 도시는 더 큰 방이 될 수 없다. "도시는 가장 큰 주택이며, 주택은 가장 작은 도시"라는 건축가 레온 바티스타 알베르티Leon Battista Alberti의 주장은 바로 이것을 말한 것이다.

루이스 칸도 "건축은 방의 사회이며 도시는 건축의 공동체다."라고 했다. 왜 그는 건축과 도시를 '방의 사회'라고 했을까? 그것은 도시가 따로 떨어진 건물들의 집합이 아니라 무언가로 통합된 집합체이기 때문이다. 칸은 "가로는 합의에 의한 방이다. 그것은 공동체의 방이며 그 벽은 각각 그것을 제공한 이들의 것이다. 집회장은 합의에 의한 장소이며, 가로에서 생긴 것이다."라고 말했다. 방이라는 개념으로 바라보면 근대건축과 같은 건축과 도시의 구분이 있을 수 없다. 도시에 있는 가로가 건축물에서 생겼다는 것은 '도시 속의 방'을 말하는 것이고, 집회장이라는 건축물이 가로라는 도시에서 왔다는 것은 '방 속의 도시'를 말하는 것이다.

주택은 도시다

교외, 자연 속의 주택 도시
교외에서 생긴 도시 이론

교외郊外, surburb란 사전적으로는 도시 중심부에 인접한 지역, 주택이 밀집한 시가지 주변에서 조금 떨어진 전원 지대를 말한다. '서울의 교외'는 '서울 안의 교외'라는 뜻이다. 교외는 근대, 현대 도시의 특징적인 사회적 장이지만, 본래 교외를 나타내는 영어 'suburb서버브'는 근대보다도 훨씬 이전에 있었다.

'suburb'는 '아래, 가까운 곳에'를 뜻하는 'sub서브'와 도시적인 성채 시설을 뜻하는 'urbs업스'가 합쳐진 단어다. 이것은 '도시 가까운 곳'이라는 뜻의 라틴어 어원인 'suburbium수부르비움'에서 나왔다. 교외郊外의 '교郊'는 왕래한다는 '교爻'와 마을 '읍邑'이 합쳐진 글자다. '교'란 도시에서 떨어진 곳으로 사람이 오고 가는 범위 안쪽이면서 들이 있는 주변 지역을 나타낸다. 도시에서 50리 떨어져 있으면 근교近郊, 100리 떨어져 있으면 원교遠郊라고 불렀다. 영어나 한자 모두 교외는 도시와 관계하고 있다.

근대도시에서 도심은 산업이 집적되고 취직해서 일하는 곳이고, 교외는 거주지였다. 도심은 인구가 과밀하고 위생 상태가 나빠 거주지로서는 적당하지 못한 곳이고, 교외는 그런 도시에서 탈출하는 곳이었다. 19세기의 도시에서는 과거의 양식 어휘가 사라지지 않았지만, 도시 주변에는 이제까지 없던 새로운 종류의 건축물이 교외 주택지에 나타났다. 교외 주택지에는 전문직 중산 계급이나 노동자 계급을 위한 전용 주택이 늘어서 있었다. 교외 주택지는 일하는 곳과 사는 곳이 떨어져 있는 사람들이 생활하는 곳이었다. 오늘날 많은 사람이 교외에 살면서 일은 도심부에서 하는 것은 여기에서 시작되었다.

교외는 근대 가족과 근대건축의 도시 개념이 합쳐진 것이다. 교외는 부유층도 아니고 노동 계층도 아닌 중산층이 사는 곳이다. 핵가족을 이룬 근대 가족인 이들은 대체로 마당이 있는 독립 주택에 살며 개인과 사회를 연결한다. 이들은 철도나 자동차로 이동한다. 근대건축은 교외라는 개념으로 이전과는 전혀 다른 건축과 도시를 집약했다. 그래서 근대건축사 교과서 앞부분에서는 도시 외곽에 새로운 주택지가 등장했음을 강조한다. 교외는 자연과 도시, 중산층과 고급 주택에 대한 열망 등 여러 종류의 중간 영역이 함께 나타나는 곳이다.

도시 설계 이론은 교외를 둘러싸고 발전했다. 영국 도시계획자 에베니저 하워드Ebenezer Howard의 '전원도시Garden City' 이후에 나타난 미국 건축가 클래런스 페리Clarence Perry의 '근린 주구 이론 neighbourhood unit'은 뉴타운 설계 개념에 가장 큰 영향을 미쳤다. 이것은 초등학교를 도시 중심에 놓고 초등학생들이 걸어서 학교에 갈 수 있는 거리에 들어가는 6,000명 정도의 인구를 지역사회의 단위로 삼아야 한다는 주장이었다. 하워드의 '전원도시'가 도시와 농촌의 차이를 해소하고 자립형 도시를 제안한 것이라면, '근린 주구 이론'에 기반을 둔 뉴타운 계획은 대도시로 통근하는 위성형 도시를 제안한 것이었다. 오늘날의 도시계획에서 초등학교를 중요하게 여기는 것은 이러한 이유에서다.

레빗타운Levittown은 맨해튼에서 40킬로미터 떨어진 곳에 총 면적 4.07세제곱킬로미터122.4만평에 지어서 1만 7,447세대에 싼값으로 제공한 단독주택 단지였다. 자동화된 일괄 공정 체계에 따라 빠른 속도로 대량 건설된 조립식 주택이었다. 도로와 자동차 그리고 교외 주택이 모여 미국의 주택 문화를 형성한 것이다. 이 단지는 침실 두 개에 거실과 부엌이 있으며 증축이나 개축이 가능했다. 대성공을 거둔 이 계획으로 이와 비슷한 교외 주택들이 미국 대도시 주변마다 들어서 '교외 주택 문화'가 생겼다.

　　일본에서는 관동대지진이 발생한 직후인 1924년에서 1930년에 일어난 진재부흥사업震災復興事業을 통해 초등학교와 공원을 하나로 묶어 가구 중심에 배치하여 커뮤니티의 중심이 되도록 설계했다. 이 무렵 철도가 교외로 이어져서 다마덴엔조후多麻田園調布 같은 교외 주택지가 개발되었다. 이 뉴타운은 보차 분리가 철저하게 되어 있고, 녹지와 공공시설이 잘 배치된 뉴타운으로 명성을 날렸으나, 지금은 슬럼화되어 노인 거주 비율이 높은 '세대 불균형 도시'라는 평가를 받고 있다. 근대도시 이론의 대명사가 이제는 그 실패를 반증하는 대명사가 되어버렸다.

자연 속의 이상 주택

교외는 자연 속에서 살고 싶다는 열망이 만든 새로운 형식의 도시다. 그래서 교외는 도시의 편리성과 전원의 쾌적성 그리고 픽처레스크picturesque한 경관을 함께 갖춘 도시 근교의 중산층 주택지가 되었다. 흔히 도시가 있으면 그 바깥에 전원이 있다고 생각하는데, 교외는 이러한 도시와 전원 사이에 존재하는 중간 영역이라고 할 수 있다.

　　'전원도시'의 이념은 에버니저 하워드Ebenezer Howard의 『내일의 전원도시Garden Cities of Tomorrow』 등으로 전개되었다. 이것은 도시와 전원의 균형을 이루고 교외의 확산을 막으려는 목적과 함께, 도시 생활의 편리성과 전원의 자연이라는 두 가지 장점이 있는 생활을 가져다주었다. 이 도시는 3만 명 정도의 인구가 공업으로 경제를 유지하는 자기완결적인 도시였는데, 전원은 '바탕ground'이 되고 공업 지역은 '그림figure'이 될 정도로 둘의 구분이 뚜렷했다. 그러나 전원도시의 공간적 이미지만을 교외에 적용한 것은 전원도시라 하지 않고 '전원 교외garden suburb'라고 부른다. 제2차 세계대전 이후 미국에서는 대중화한 교외suburbia가 대규모 개발되었다.

　　이러한 교외 주택지의 선구는 1870년대에 개발된 런던 서쪽 교외의 베드퍼드 파크Bedford Park였다. 이런 지역에 근대건축사 앞

부분에 소개되는 유명한 주택인 윌리엄 모리스William Morris의 자택 '붉은 집Red House'이 세워졌다. '붉은 집'의 생활 이미지는 근대사회 샐러리맨의 생활 모델이었다.

19세기 도시에서 탈출하여 교외에 살게 된 영국의 부르주아지들은 자기들이 사는 곳의 이름을 귀족의 주택 느낌이 나도록 '파크 빌리지park village'라고 불렀다. 그만큼 교외는 자연적인 경관이 가득한 전원적인 마을이었고, 성공한 사람들의 가족과 커뮤니티를 실현해주는 이상적인 곳이었다. 귀족들은 컨트리 하우스와 타운 하우스 사이를 오고 가며 이중생활을 했고, 중류 계급은 이 귀족들의 이상적인 생활을 본뜨고 싶어 했다.

이들은 자기 집 정원에서 원예에 힘썼는데, 이 또한 귀족이나 지주의 농사일을 시뮬레이션한 것이었다. 이처럼 교외에서는 귀족이나 지주를 정점으로 하던 농업 사회의 이미지가 자연과 건강으로 바뀌었다. 교외는 반反도시적인 주택지를 도시 안 공원처럼 인공적으로 만든 도시적인 존재였다. 이렇게 생긴 교외는 서서히 전원을 침식하며 도시의 스프롤sprawl 현상을 일으켰다. 교외에 계획된 공원도 자연에 대한 이들의 동경을 시뮬레이션한 것이다.

이런 교외화郊外化는 사라지기는커녕 오늘날까지 진행되고 있다. 대도시 주변은 대규모의 주거 단지로 크게 바뀌었다. 이것은 대도시 주변 지역에서 도심으로 통근하는 사람들이 증가한 것도 이유겠지만, 대도시 주변의 자연 속에서 이상적인 생활을 하겠다는 19세기 말에서 시작된 전원에 대한 이상이 지금도 여전함을 뜻한다. 대도시 주변만이 아니라 고속으로 발전하는 인프라 덕분에 대도시와 지방도시 그리고 농촌까지도 교외에서 보던 아파트 단지, 편의점, 쇼핑센터와 같은 시설들이 풍경을 균질하게 만들고 있다. 이런 주거지의 주택은 지역의 공동체를 이루는 것도 아니면서 자연 속에서 이상적인 생활은 하고 싶다는 열망을 나타낸다. 교외의 주택은 전원을 표상하는 이미지와 기호이며 상품이 되었다. 근대사회가 만든 교외의 이상은 교외가 아닌 대도시 안에 짓는 대규모 아파트 단지에 거의 그대로 이식되었다.

도시는 큰 주택

큰 주택, 작은 도시

집합 주택은 오랜 역사를 통해 건축과 도시를 잇는 요소였다. 집합 주택은 이미 기원전 2세기 고대 로마에 건설되었다. 그런데 이때도 집합 주택에는 일정한 틀이 있었다. 집합 주택도 주택마다 있던 중정을 가지고 있었으며, 이것은 그대로 가로를 형성했다. 오늘날에도 집합 주택은 일정한 틀의 주택이 가로를 형성하며 지역을 계획하는 중요한 요소가 된다. 이처럼 집합 주택은 예나 지금이나 건축과 도시를 잇는 아주 중요한 빌딩 타입이다.

르 코르뷔지에는 건축이 주택에서 시작하여 집합 주택을 계획하고 도시로 확대되기를 열망했다. 1925년 파리 만국박람회에 선보인 '신정신관Pavillon de l'Esprit Nouveau'은 새로운 주택의 모델하우스였다. 한쪽에서는 시트로앙 주택Maison Citrohan을 전시하고, 다른 한편에서는 '300만 명을 위한 현대도시'를 바로 이웃하는 방에 전시했다. 도시에서 집합 주택으로, 다시 하나하나의 주택으로 이동하면서 그의 의도를 디오라마diorama에 담아 전시한 것이다. 주택에서 도시로, 도시에서 주택으로라는 코르뷔지에의 열망이 단적으로 나타난다.

도시와 주택의 관계를 말할 때 레온 바티스타 알베르티의 이 말이 자주 인용된다. "그런데 만일 철학자들의 견해에 따라서, 도시는 가장 큰 주택이고 주택이 작은 도시라면, 왜 주택을 이루는 많은 부분, 곧 아트리움, 중정, 식당, 주랑 등은 가장 작은 주택이라고 할 수 없을까?"[5] 그리고 "마치 도시의 광장이나 가로처럼 집 안에서 아트리움, 큰 홀 등을 갖게 될 것이다. 이 장소는 구석구석 숨겨진 아주 작은 것이 아니라, 그곳에 다른 여러 부분이 아주 여유 있게 합류하도록 과감히 배분되어야 한다. 그곳에는 계단이나 중정으로 통하는 복도도 열려 있으므로 그곳에서 손님이 인사하거나 감사의 말을 전할 수 있다."[6] 코르뷔지에가 알베르티를 언급한 적은 없지만 '신정신관'의 모델하우스는 "도시는 가장 큰 주택이며, 주택은 가장 작은 도시"라는 생각을 실천한 것이었다.

네덜란드 건축가 알도 반 에이크Aldo van Eijck도 이와 똑같은 생각을 단적으로 표현했다. "나무는 잎이고 잎은 나무다. 주택은 도시이고 도시는 주택이다. 나무는 나무지만 커다란 잎이고, 잎은 잎이지만 작은 나무다. 도시가 커다란 주택이 아니면 도시는 도시가 아니다. 주택이 작은 도시일 때만 비로소 주택은 주택이다." 이것은 그가 부분과 전체, 큰 것과 작은 것, 개인과 집단이라는 반대되는 것을 말할 때 한쪽이 없으면 안 되고 서로 인정해주어야 한다는 그의 주장과는 달리, 도시와 주택은 아예 하나이고 같은 것이라는 뜻이다.[7]

　　물론 "도시는 가장 큰 주택이며 주택은 가장 작은 도시"라는 주장이 오늘날의 대도시와 건축의 관계를 다 해결해줄 수는 없다. 그렇지만 그의 이 말은 도시와 건축, 건축과 그것을 구성하는 요소가 무언가 도시적인 요소를 계속 물고 있어야 함을 주장한 것이다. 이는 '도시 건축'에 대한 가장 원초적인 관계를 말하고 있다는 점에서 늘 기억해야 한다. 여기에서 '도시'를 물리적인 구조로 보기보다는 선택의 가능성, 열림, 참여로 보고, '주택'을 정주, 이완, 방어라는 것으로 본다면 이 명제는 오늘날 더욱 유용하다. '주택'을 집합적인 용도의 건물로 생각하면, 집합을 위한 공간은 건축물 안에서의 도시로 얼마든지 변형하여 해석될 수 있다.

도시는 주택의 연장

도시를 내려다보면 수많은 건물이 있지만 거대한 고층 오피스빌딩, 격식을 갖춘 공공건물, 기념비적인 건물만 있는 것이 아니다. 그러나 더 자세히 도시를 들여다보면 도시를 이루고 있는 것은 누가 지었는지 전혀 알 수 없는 건축물이 대부분이고, 그중에서도 또 대부분을 차지하는 것이 바로 주택이다. 도시의 특징은 기념비적이고 아름다운 건축물이 아니라 도시의 대부분을 덮고 있는 주택에 있다. 주택은 마을이나 도시에서 가장 작은 단위지만 훨씬 많은 공간을 점유하며 마을이나 도시의 형태를 결정한다. 마을이나 도시에도 수많은 기능이 있지만, 영국 건축가 존 보엘커

John Voelcker의 말처럼 "주택의 부엌은 작업장이고 공장이고 창고이며 대도시의 백화점이고, 거실은 영화관이고 도서관이며 댄스홀이라고 할 수 있다." 이것은 곧 가로, 산보로, 서비스 시설, 상업 및 문화 시설 등이 모두 주택의 연장이라는 말이다.

근대건축에서는 도시를 크게 '주거' '생산' '재생산' 등 세 가지로 나누었다. 이것은 집에서 살다가 다른 곳에서 열심히 일하고 다시 어딘가에서 즐기다가 다시 집에 돌아온다는 발상이다. 결국 하루 동안 이 세 장소에 각각 8시간씩 배정된다. 이렇게 해서 '생산' 지역은 밤이 되면 사람이 없고, '주거' 지역은 낮이 되면 사람이 거의 없어진다. 그러다 보면 주택은 8시간을 보내는 사생활의 장소가 되고, 주택과 주택 사이의 연관 관계가 사라지며, 살아가는 소통을 이웃 안에서 찾기보다는 점점 텔레비전과 인터넷 안에서 찾게 된다.

그렇다면 우리는 지금 어떤 주택에서 살고 있는가? 그 주택은 과연 도시를 만들어내는가? 우리는 재개발로 땅을 정리하고 그 위에다 아파트를 지어 만든 주택에 살고 있다. 이 주택은 불특정다수의 사람들이 사는 공간이며, 자신을 밝히기를 거부하는 익명의 인간상을 길러내는 곳이기도 하다. 주택은 단위를 이루고 그 단위는 무관심하게 반복하여 조합된다. 주거 공간이지만 어떻게 사람들이 모여 사는가를 다시금 새롭게 묻는 주택이 아니며, 어떻게 집합되어야 하는가를 묻기에는 너무 단조로운 주거다. 르 코르뷔지에의 유니테 다비타시옹Unité d'Habitation의 인구밀도는 1헥타르당 500명이다. 이를 4인 가족으로 나누면 125세대이며, 이를 20층에 수용한다면 한 층에 여섯 개, 25층이면 다섯 개의 단위평면을 조합한 것이 된다. 그렇다면 요즈음 서울과 같은 대도시에 짓고 있는 25층짜리 한 동은 유니테 다비타시옹 한 채에 해당한다. 이처럼 코르뷔지에의 유니테 다비타시옹은 오늘날에도 주동 형식으로 계속되고 있다.

단독주택이나 다세대주택이 들어선 곳도 마찬가지다. 이 주택들은 아파트의 단위처럼 독립된 단위가 되어 수평으로 누적되어간다. 특히 다세대주택은 1층을 주차장으로 사용하기 때문에 눈높이의 마을 풍경은 주차장과 도로다. 도로와 마주하도록 대지의 경계선을 따라 거의 꽉 채운 주택 형식으로는 이웃 사람들과 교류할 수도, 나와서 노는 아이들의 모습도 기대할 수도 없다. 이러한 주택 형식은 가족이 사는 주택은 되지만 도시의 공간, 풍경, 교류를 위해 주변 환경을 갱신하는 주택은 되지 못한다. 대규모 건물이 아니더라도, 작은 주택이 한 채라도 새로 지어지면 주변 환경은 바뀌게 되어 있다. 그럼에도 우리 도시에 수많은 단독주택과 다세대주택, 빌라 같은 저층, 중층 주택은 거의 대부분 도시의 풍경과 환경을 만들어내지 못하고 있다.

우리나라 주거사 연구에서는 오래전의 농가 주택이 지속해 오다가 근대화 과정을 거치면서 오늘의 아파트에 이르렀다고 설명한다. 그렇다면 지금의 아파트나 빌라는 도시 안에서 연속하며 존재해온 도시형 주택이 아닌, 주변에서 따로 떨어져 독립하여 존재하는 농가 계열의 주택인 셈이다. 물론 이런 주택 유형은 도시 생활에 맞는 주거로 발명된 것이며, 이런 주택을 주택과 도시를 잇는 유일한 수단으로 여겨왔다.

도시로 열린 주택

우리 도시에는 중간 단위의 주거 공간이 없다. 우리 주거는 한쪽은 고층의 탑상 주거이며 다른 한쪽은 단독주택이라는 양단의 형식만 있다. 단독주택보다 조금 크면 빌라나 연립주택이다. 그러나 이것들도 크기는 단독주택에 가깝고 평면 형식은 아파트에 가깝다. 지금의 주택 단지는 동과 가구를 단위로 하여 동을 적절히 배치하고 그 사이에 전원의 느낌을 주는 외부 공간을 만들어 함께 사는 느낌을 주는 데 큰 관심을 두고 있다. 그러나 단위평면은 4인의 핵가족을 전제로 계획하기 때문에 '열리면서 닫히고 닫히면서 열리는' 커뮤니케이션을 얻기 어렵다. 이렇게 볼 때, 우리가 사는 지금의 주택들은 도시라는 상황 곧 도시성urbanism을 구축하는 주택, 도시성을 구현하고 도시의 삶을 구체화하는 도시형 주택이 어떤 것인지 충분히 고려하지 못하고 있다고 할 수 있다.

주택을 도시와 관련하여 생각할 때 가장 중요한 조건은 그 곳에 사는 사람이 주변의 다른 사람과 어느 정도 친밀하게 알고 지내는가, 곧 사적-공적의 관계를 어떻게 새롭게 설계하는가이다. 특히 도시의 아파트 단지에서는 한편으로는 프라이버시를, 다른 한편으로는 같은 장소에 함께 산다는 느낌을 어떻게 연결하고 분리하는지가 관건이다. 이 관계를 문에 비유하면, 문을 열 것인가 닫을 것인가가 아니라 열려 있으면서도 닫힌 듯하고, 닫혀 있으면서도 열린 듯한 관계를 도시의 집합 주택에서 어떻게 구현하는지가 된다. '온on'인가 '오프off'인가가 아니라, '온'이면서 '오프'가 가능하고, '오프'이면서 '온'이 가능한 단위평면과 그것의 집합 방법이 있어야 도시로 열린 주택을 만들 수 있다.

닫는다 함은 프라이버시의 개인 공간이고, 연다고 함은 함께 사는 사회 공간을 말한다. 개인 공간은 거리를 두려 하고 사회 공간은 공유하려고 한다. 이 두 공간을 적극적으로 구분하면서도, 동시에 거주자가 원할 때 손쉽게 사회적 공간으로 이전되는 공간적인 관계가 마련되어야 한다. 그러려면 공유 공간을 다시 해석해야 한다. 복도나 엘리베이터 홀 등의 공유 공간은 결국 거주자가 나누어 부담해야 하므로, 주민이 만나고 교류하게 하려고 공유 공간을 확대하는 정도로는 문제가 해결되지 않는다. 이보다는 주민의 커뮤니티 공간을 반¥ 공적 공간으로 하고, 집합 주택을 지나는 도로를 공적 도로로 삼아, 이 도로와 마주해 근린 상업 공간이 배열되는 집합 주택으로 개편한다면 도시로 열려 있는 주택을 제대로 제안할 수 있게 될 것이다.

주택은 전용 주거 지역에도 있고 상업 지역, 공업 지역, 녹지 지역 등 도시의 어떤 지역에도 지을 수 있어야 한다. 주택은 역 앞에도 있고 산 밑자락에도 있으며 공업 대지에도 그곳에 맞는 주택이 있을 수 있다. 도시의 주택에는 일반적인 가족을 위한 주택, 독신자 주택, 소호SOHO 주택, 셰어 하우스share house 이외에도, 장기 체재형 숙박 시설, 작은 호텔 등 다양한 주거 방식이 있을 수 있다.

주상 복합 주택이 생겼듯이 공업 지역에 공장과 함께 있는 '주공住工 복합 주택'도 있을 수 있다는 발상으로 주택의 범위를 확대해야 한다.

주택을 도시의 한 부분으로 나누는 것은 시효가 지난 근대 건축이 도시를 보는 방법이다. 주택은 주거 지역에만 있지 않고 도시의 어느 곳에나 있다. 이렇게 생각해야 새로운 집합 주택이 나타난다.

르 코르뷔지에와 미스 반 데어 로에의 건축과 도시

르 코르뷔지에의 건축과 도시
종이 위의 도시
근대도시계획을 위생과 관련하여 말하지는 않는다. 그러나 근대에서 위생에 관한 문제는 매우 중요했다. 파리라는 도시는 18세기까지 매우 불결한 장소가 많았으며, 도로는 배수로를 겸하고 있었다. 조르주외젠 오스만Georges-Eugène Haussmann이 도시를 개조하고 인프라를 정비한 이유는 위생과 청결 때문이었다. 르 코르뷔지에의 '빛나는 도시Ville Radieuse' 계획은 이러한 위생 문제, 곧 위생을 위해서 사람을 분리하고 격리하는 도시계획의 수법을 만들었고, 그것이 우리의 도시를 관리하는 배경이 되었다.

근대사회에 비하면 오늘날 우리의 생활은 크게 달라졌다. 그리고 코르뷔지에의 이름을 들면서 근대도시계획을 비판한다. 그렇지만 지금 생각하고 있는 도시 모델은 코르뷔지에의 시대와 그다지 달라지지 않았다. 1920년대의 근대건축가들, 그중에서도 코르뷔지에는 어둡고 비위생적이며 교통에 시달리는 도시를 전면적으로 해결하고자 했다. 근대에는 예전에 없던 대도시가 출현했고, 사회도 달라졌고, 교통수단도 달라졌으므로 종래와는 다른 새로운 도시 개념이 등장해야 했다. 그는 다른 건축가와는 매우 다르게 이러한 도시 문제를 명쾌하게 해결하고자 했다.

1922년 코르뷔지에는 '300만 명을 위한 현대도시' 계획을 제안하고 건강이라는 관점에서 시대에 뒤떨어진 오랜 부분을 개조했다. 이 계획은 교과서에서 많이 들어서 그런 것이 있나 보다 하지, 실은 인구가 300만 명인 인천광역시 같은 규모의 거대 도시를 대상으로 한 계획이었다. 이 도시의 기본 골격은 고속 교통을 위해 십자로 교차하는 동서와 남북의 40미터 도로에 대각선 도로를 합친 것이었다. 한가운데에는 십자형 평면의 고층 빌딩이 서고, 그 주변에는 풍부한 녹지 공간을 두어 도시와 전원을 하나로 잇고자 했다. 그리고 이것을 이뫼블 빌라Immeubles villas라는 집합 주택과 영국식 정원이 감쌌다.

그러나 이 '300만 명을 위한 현대도시'는 백지 위에서 생각한 계획이지 실제 대지를 두고 계획한 것이 아니며, 실제 조건을 해결하며 계획한 것이 아닌 일종의 모델 플랜model plan이었다. 인구밀도가 너무 높았고 교통수단은 제대로 기능하지 못했으며, 인구 증가에 대한 도시 확장이 고려되지 못한 채, 도시를 엄격한 기하학적 시스템으로 정리한 것에 지나지 않는다. 아무리 명쾌한 분류와 질서를 동원한 계획이었다 해도 이 도시계획은 종이 위의 새로운 도시였다.

코르뷔지에가 구상한 '부아쟁 계획Plan Voisin'은 파리의 중심부를 개조하기 위한 것이었다. 새로 조성된 파리의 중심부는 새로운 사회의 새로운 건축으로 깨끗이 청소되어 있었다. 그는 사업가, 기술자, 관료 같은 엘리트 계층을 도시 중심에 두는 계획을 중시했다. 이것은 1922년에 계획한 '300만 명을 위한 현대도시'에 응용되었으나, 도로 폭이나 건물 높이는 기존의 도시 스케일과는 비교도 안 될 정도로 넓고 높았다. 십자평면의 고층 빌딩에는 외기外氣를 접하며 빛을 받아들이는 면적을 넓히려고 요철을 많이 두었다. 고속도로도 격자형으로 배치했고, 빌딩 아래는 도로를 빼고 녹지로 가득 채워 도시 전체가 거대한 공원이었다.

이 계획은 기념비를 제외한 파리 파괴를 전제로 한 것이라 도시의 기존 질서와 병존할 수 없었다. 계획하는 부분을 밝고 명료

하게 그리고, 낡고 위생적이지 못한 블록은 어둡게 처리했다. 검게 그려져 있는 부분은 지워야 할 대상으로 크게 분리되어 있다. 문제를 정확하게 푼 것도 아니어서, 대로가 막다른 골목이 되어 있었다. 대칭 형태로 필요하지 않은 도로가 생긴 것은 이 계획이 추상적인 미를 더욱 중요시했기 때문이다. 위생을 위해 격리한다는 관념이 몇 장의 종이 위에 300만 명의 대도시를 계획하게 했다.

건축에 장력을 주는 도시

르 코르뷔지에의 건축에서 도시는 특별한 의미를 갖는다. 곧 그에게 도시는 새로운 장소, 새로운 생활이 실현되는 곳이었다. 주변을 무시하고 새롭게 지어진 '300만 명을 위한 현대도시'는 새로운 사회의 희망이었다. 십자형 고층 건물과 주거동을 그린 투시도에서는 건물의 상단부가 지평선에 맞추어져 있다. 이 투시도는 경계선을 중심으로 위에서는 내려다보고 아래에서는 올려다보는 듯해 전체를 조감하는 느낌을 준다. 내일의 도시를 바라보고 있지만 이 건물들은 멀지 않은 장래에 살게 될 유토피아라는 것이다. 그래서 건물 사이에는 공원과 빠르게 달리는 자동차가 있고 하늘에는 비행기가 날아다닌다.

코르뷔지에의 '300만 명을 위한 현대도시' 계획을 위한 투시도˙에서는 저 멀리 근대건축의 마천루가 보이고 그 앞은 나무가 가려주고 있다. 이 투시도에 초대되어 앞에 선 관찰자는 새로운 도시가 보이는 카페에 앉아 있으며, 이쪽에는 자유로운 삶의 방식이 있고, 저쪽에는 새로운 도시가 보인다. 그의 스케치에 자주 등장하는 커피 잔이 놓인 탁자 바로 앞에는 긴 파라펫parapet이 스케치의 근경을 이루지만, 이 파라펫이 잘라내는 것은 앞에서 전개되어야 하는 풍경의 중경이다. 그 결과 근경과 원경이 직접 만나 파노라마가 만들어진다.

이 투시도는 건축을 통해 미래의 비전을 그린 것이다. 그런데 그 미래가 도시가 되어 나타난다. 고층건물군, 넓은 녹지, 하늘, 맑은 공기와 햇빛은 기계 시대가 가져다줄 미래다. 우리는 테라스에 앉아 여유 있게 차를 마시며 이런 미래를 내다볼 수 있다. 그러나 우리가 있는 이 테라스는 저쪽에서 펼쳐지는 도시가 있기에 미래를 향할 수 있다. 도시는 건축에 장력을 준다.

이 그림에서 전개되는 풍경은 기차를 타고 창밖을 바라볼 때 스쳐가는 풍경의 한 장면처럼 새로운 도시가 이제 곧 당신 앞에 전개될 것이라고 관찰자를 설득하기 위한 것이다. 이 계획안 이름도 '300만 명을 위한 현대도시'이지 '300만 명을 위한 미래도시'가 아니었다. '현대도시'라는 이름은 그것이 지금 건축될 수 있음을 주장한 것이다. 코르뷔지에의 건축과 도시는 그 자체가 정신적인 상징성을 담고 있다. 그가 '주택의 4구성'을 설명할 때도 그 그림 옆에는 한참 보아야 조금 알 수 있는 수사적인 설명이 붙어 있었다. 그가 '300만 명을 위한 현대도시'에서 보여준 이 한 장의 그림은 '주택의 4구성'과 똑같은 효과를 가진 수사적 설득이다.

그는 건축과 함께 도시가 만들어진다고 믿었다. 유명한 사보아 주택Villa Savoye은 하나의 주택에 지나지 않지만, 실은 주차장을 품고 근대도시에 지어질 주택의 원형으로 계획된 것이다. 그래서 그 주택은 파리 근교에 자리 잡고 있지만, 코르뷔지에의 머리 안에서는 도시에 반복해서 지어질 주택을 기대한 것이었다. 그에게 도시는 건축에 장력을 주는 것이었다. 그 '도시'는 오늘날 우리가 말하는 도시 설계나 도시계획의 대상이 아니었다.

코르뷔지에는 관념적으로 도시를 그리고 관념적인 건축을 구축했지만, 그의 이상주의적인 자세는 오늘날 통용되지 않는다. 그러나 오늘의 건축은 도시에 지어지기는 해도, '300만 명을 위한 현대도시' 계획 투시도에서 볼 수 있는 도시에 대한 장력은 잃어버렸다. 그러면 우리는 현실의 건축으로 현실의 도시에 대해서 어떤 장력을 얻을 수 있을까?

미스 반 데어 로에의 건축과 도시
더 이상 없는 도시

도시에 대한 미스 반 데어 로에Mies van der Rohe의 입장은 1942년 일리노이공과대학교IIT, Illinois Institute of Technology 캠퍼스 계획과 1953년 시카고에 계획한 컨벤션 홀Convention Hall을 그린 포토몽타주를 살펴보면 알 수 있다. IIT 캠퍼스 계획에서는 직사각형의 빈 종이에 건물을 올려놓은 것처럼 주변을 무시하고 건물을 배열한 것처럼 보인다. 그러나 이것은 대학 캠퍼스를 주목했을 때만 그렇다. 주변을 자세히 보면 주변 자체가 이렇다 할 만한 콘텍스트를 가지고 있지 못했다고 해서 이 플랜도 콘텍스트를 갖지 못했다고 말할 수는 없을 것이다.

IIT 캠퍼스 계획은 포토몽타주의 모습만 보면 기존의 건물 조직에 반하여 배치된 것이 아니라 오히려 주변에 대한 민감한 반응이 있었다고 말할 수 있다. 건축과 도시의 콘텍스트란 '이곳에만 있는 것' '다른 곳에는 없는 이곳에 잘 들어맞는 것'이라는 뜻이 강한데, 그런 의미에서라면 IIT 캠퍼스 계획은 어디에라도 만들어질 수 있다는 보편 공간의 특징을 나타낸 것이었다.

미스의 건물은 도시의 다른 건물들과 함께 주요한 역할을 하는 것으로 제안되었지만, 그럼에도 그는 도시를 돌보지 않아서 버려진 땅으로 묘사하고 있다. 마치 숲을 쳐내고 만들어진 공지와도 같은데, 이것을 미스는 '거의 없음beinahe nichts: almost nothing'이라고 표현했다. 캐나다 건축사가 데틀레프 메르틴스Detlef Mertins는 이러한 사정을 이렇게 전했다. 1955년 미스는 한 인터뷰에서 구심적인 대도시에서 분산되고 위계가 없으며 계속 확장되고 바뀌고 있는 대도시의 풍경에 자신의 판단 기준이 옮겨갔다며 이렇게 밝혔다는 것이다. "사실 도시라는 것은 더 이상 없습니다. 도시는 계속 숲과 같이 되어가지요. 이것이 우리가 오랜 도시를 더 이상 가질 수 없는 이유입니다. 계획된 도시 등등은 이제 영원히 사라져버렸어요. 우리는 정글 속에서 어떻게 살아야 할지 생각해야 합니다. 그래야 우리는 잘 될 수 있을 거에요."[8]

미스 건축의 특징은 보편 공간universal space 또는 균질 공간이다. 이 보편 공간 또는 균질 공간은 중립성 때문에 어떤 이는 이를 크게 비판하고 어떤 이는 이를 중요하게 여긴다. 미스는 공간 안에서 육감적인 곡면을 둔다든지, 균질하지 않은 흐름을 삽입한다든지, 사람이 축을 따라 움직이되 투명한 흐름이 있는가 하면, 다른 한 편으로는 분명하지 못한 그늘도 만들어내는 코르뷔지에와는 반대 입장에 있다.

코르뷔지에의 건물은 사람이 그 안을 걷고 경험함으로써 공간의 장면을 조직한다. 그러나 미스의 건축에서는 보편 공간 안에 축이나 운동의 중심이 없고, 공간적인 체험을 촉발하는 장치 같은 것이 없다. 미스의 공간 안에서는 기둥이나 벽이 다른 요소와 긴밀한 관계가 없고, 주위에 대한 공간 체험과도 관계가 없다. 주변과 연속성을 거의 갖고 있지 않다. 코르뷔지에는 무언가를 계속 잇고자 하는 반면 미스는 무언가를 계속 떼어내고 잘라내려고 한다.

1928년 베를린의 알렉산더 광장Alexanderplatz 확장 계획은 아마도 미스가 건축과 도시를 어떻게 생각하는지를 가장 잘 보여주는 예일 것이다. 그러나 이 확장 계획에서 포토몽타주를 별로 주목하지 않고 보면 제일 먼저 드는 생각은 그저 그렇다 못해 무슨 계획을 이렇게 '허하게' 만들었나 싶을 것이다. 그런데도 한참 들여다보고 있으면 알아차리도록 다가오는 것이 있다. 건물은 물질이고, 건물을 둘러싸는 표피도 유리와 철골이라는 물질이며, 같은 시스템을 가진 건물의 배열로 만들어진 도시의 바닥도 광장이라는 물질이다. 따라서 이 계획은 상징도 없고 사람도 없이 물질로만 구성된 공간이다.

이런 도시적인 조건에서는 건물의 외벽이 원형을 이루며 광장을 감싸는 것이 보통이다. 실제로도 다른 참가자들은 건물군이 원형의 광장을 에워쌈으로써 그 주변의 가구街區와는 다른 구심적인 광장을 제안했다. 그러나 미스는 이와 전혀 달랐다. 미스는 이런 방식으로 입방체의 볼륨을 갖는 건물들로 광장을 만드는 것을 철저하게 부정하고 있다. 그런 탓에 이 안은 여섯 개의 초대작 중 꼴찌로 떨어졌다.

　미스는 주택과 같은 작은 건물에서 내부를 텅 비워 놓고 그 안에 벽체를 자유로이 세우는 것과 똑같이 건물을 긴밀하지 않게 서로 떨어뜨려 배열하고 광장을 건물에 종속되지 않게 하면서 이를 독립시켰다. 이것을 게슈탈트적으로 말하자면 건물은 그림figure이 되고 광장은 바탕ground이 된다. 그러나 전경이 배경보다 반드시 우월하지는 않다. 이것이 이 포토몽타주를 보고 "무슨 계획을 이렇게 '허하게' 만들었나?" 하고 느끼게 된 원인이다.

　이에 대하여 건축가 루트비히 힐베르자이머Ludwig Hilberseimer는 이렇게 말했다. "이러한 경직된 시스템을 타파하고 각각의 기능에 따라 운행하는 교통로에서 독립하여 바우쿤스트Baukunst적인 관점에 따라 각각의 건물로부터 광장을 조형하고자 한 단 하나의 안이다. 가로 공간을 개방해 다른 안에는 없는 넓은 공간성을 획득하고 있다." "각각의 기능에 따라 운행하는 교통로에서 독립하여"라는 말은 광장과 교통로는 다른 시스템이므로 건물을 원형 도로에 맞추지 않고 또 다른 광장이 생기도록 했다는 뜻이다. 또 "각각의 건물로부터 광장을 조형하고자 한"이라는 말은 원형 도로를 한가운데 두기는 했지만, 다시 그 주위에 서 있는 건물 앞에 제각기 크고 작은 광장이 따로 더 마련되어 있다는 뜻이다.

　미스는 기존의 광장을 해체했다. 그 결과 광장은 공허한 공간으로만 남게 되었다. 이는 건축이 도시와 서로 대화하지 않음으로써 얻어진 또 다른 공간이다. 만일 건축이 도시와 대화한다고 했더라면 광장을 독립된 형태로 구성했을 것이다. 드로잉에서 광장 바닥과 건물의 표면은 엇비슷하다. 건물의 표면이 중성적이고 빛을 받아 확산되면, 가장 중요한 도시의 중심부에서는 공허한 광장을 반사광이 채울 것이고, 건물들이 광장 주변의 공간을 확산시켰을 것이다. 따라서 미스가 제안한 광장은 이미 있는 주변을 의식적으로 무시함으로써 기존에 있는 어떤 것도 그 존재를 인정한 것이 되었고, 따라서 어디에서나 만들어질 수 있는 광장이 되었다.

익명적 건축이 확장된 도시

미스는 도시를 코르뷔지에처럼 하나의 전체로서 설계한 적이 없었고, 그렇게 할 의도도 없었다. 코르뷔지에처럼 도시가 인체를 닮게 구성되었으니 좋지 않은가라는 식으로 논리를 비약하거나 사회적인 비전을 제시하며 유토피아적인 도시를 보여준 적이 없다. 그가 직면한 것은 대도시의 혼돈이었다. 그리고 대도시 안에서 장소는 사라지고 있다는 인식이었다. 장소를 잃어버리니 의존해야 할 콘텍스트 같은 것이 필요하지도 않았다. 그렇다고 힐베르자이머처럼 대도시의 혼돈을 조정할 시스템을 적용하려고 하지도 않았다.

　미스의 건축은 도시 안에서 투명한 이물질로 보임으로써 도시 전체를 되돌려놓았다. 그의 건축은 내부에 방해되는 요소들은 제거하고 거의 아무것도 없는 것으로 만듦으로써 모든 방향에서 밖을 내다볼 수 있게 했다. 알렉산더 광장 확장 계획 또한 아무것도 점유하지 않음으로써 도시 공간에 불안정한 외연성을 주었다. 이 광장은 도시에 만들어진 보편 공간이며, 그렇게 건축으로 '확장'된 도시다.

　시그램 빌딩Seagram Building도 마찬가지다. 건물은 순수한 형태를 가진 채로 그 앞에 광장을 두었다. 그러나 이 광장은 알렉산더 광장과 같은 광장이 아니다. 그곳은 대지의 약 40퍼센트를 뒤로 물러서게 하고 내놓은 도시의 공공 공간이다. 이 광장은 1916년에 조닝법zoning laws이 생긴 이래로 맨해튼에 세우는 건축에는 가로의 일조권을 위해서 수직 방향으로 일정한 높이까지만 허가를 내주었다. 따라서 대지를 최대한 활용하려면 밑부분을 단상의 피라미드 모양으로 만들어야 했다. 시그램 빌딩 근처에 있는 레버 하우스Lever House도 파크 애비뉴Park Avenue에 대하여 직각으로 배치된 볼륨 위에 순순한 형태로 놓여 있었다.

　그러나 미스는 5 : 3의 비를 가진 직사각형 타워를 파크 애비뉴에 평행하게 배치하고 법적인 용적률을 희생하면서 파크 애비뉴로부터 27미터 떨어뜨렸다. 그 결과 얻어진 것은 무엇일까? 알렉산더 광장 확장 계획과 같은 공허한 공간이다. 그렇다고 시그램 빌딩이 다른 건물에 대해 무언가 의미를 전달하거나 대화하려고 하지는 않는다. 오직 완벽하고 순수한 입체가 대도시의 소음을 상대로 단념한 채 공허한 공간을 두고 떨어져 있을 뿐이다.

미스를 연구한 프리츠 노이마이어Fritz Neumeyer 교수는 이를 두고 도시의 시끄러움에서 벗어나 자기 자신이나 자연 또는 문화와 만나기 위해 조용히 생각하는 공간이라고 표현했지만[9], 미스가 분수를 뿜어올려 그 옆에 사람들이 앉지 못하게 한 것을 보면 그가 도시 안에 조용한 공간을 만들어 대중에게 할애하자는 생각에서 이 광장을 만든 것은 아니라는 걸 알 수 있다. 알렉산더 광장 확장 계획이 실현되어 철과 유리의 건축물이 놓였더라면 이런 모습이었을 것이다.

시카고에 계획한 컨벤션 홀도 마찬가지다. 5만 명을 수용하는 컨벤션 홀과 좌우의 긴 건물을 무표정하게 배열했는데, 더욱 의아한 것은 컨벤션 홀 앞의 광장이다. IIT 캠퍼스 계획이나 시카고의 컨벤션 홀 계획 모두 바닥이 하얗게 처리되어 있어서 기존 질서와는 아무런 상관이 없음을 강조한다. 그리고 그 위에는 아무도 없다. 이러한 무표정은 1922년에 제안한 유리 마천루 계획의 입면도에서도 같았다. 표정이 없고 주변의 낮은 건물은 모두 검게 그려져 있다.

르 코르뷔지에 건축은 스스로가 '유형'의 개념으로 많은 분류를 하고 설명했지만, 그의 건축은 서울이나 뉴욕 한복판에 서 있기 어려운 건물이 많다. 그러나 미스의 건축은 다르다. 지금 우리 도시에는 미스의 시그램 빌딩을 흉내 낸 건물이 이미 대량으로 재생산되어 있다. 미스는 이상 도시를 제시하던 도시계획을 주장한 바가 없으나, 오히려 그의 건축은 부분적으로 도시에 개입하면서 널리 받아들여졌다.

물론 콤팩트한 커튼월을 모델로 하여 같은 구조로 재생산되고 있는 이러한 균질 공간의 폐해는 크다. 그럼에도 그의 건축은 표면으로만 성립하는 기존의 콘텍스트에 등을 돌리고 사회적으로나 물리적으로 만족할 수 없는 도시 일곽과 동화되지 않는 새로운 건축물로 도시에 대응하려 한 아이러니컬한 입장을 취했다. 이것이 미스가 도시를 대하는 입장이었다.

미스는 1924년 「바우쿤스트와 시대의 의지Baukunst und Zeitwille」라는 제목으로 이런 글을 썼다. "일반성의 문제가 중심적인 관심이다. 개인의 중요성은 적어지고 그 운명은 이미 우리의 관심을 끌지 못한다. 모든 분야에서 결정적인 업적은 본질의 목적성이며, 그것을 시작한 사람이 누구인가는 거의 알려져 있지 않다. 여기에서 우리 시대의 익명성이 시야에 들어오는 것이다."[10] 익명성. 미스가 설계한 주택에서 도시에 이르는 보편 공간은 구체적인 사람이 사는 공간이 아니라 익명적 공간이다.

건축의 도시 이론

반복, 고층 도시 계획

건축가 루트비히 힐베르자이머가 제시한 '대도시 건축'의 드로잉은 근대건축이 비판받던 1980년대에 많이 인용되었다. 그러나 이 드로잉을 보면 마치 우리가 사는 어떤 도시를 그린 게 아닌가 생각될 정도로 오늘의 건축과 닮아 있다. 장벽과 같은 벽에 빠끔빠끔 수없이 뚫린 창은 밀도를 올리는 것만 생각하고 이외의 것은 무시한 무기질적인 아파트의 한 동을 떠올리게 한다. 그런데 그의 드로잉은 그것으로 끝나지 않는다. 이러한 주거동이 계속 반복되는 것이다. 이 아파트 아래에는 가로로 긴 창이 건물에 반복된다. 그리고 그 중간에 사람들만 다니는 인공 가로가 붙어 있고 지면에는 오직 차만 다닌다.

힐베르자이머가 이렇게 똑같은 단위를 무한히 반복한 데에는 이유가 있었다. 먼저 대도시 유기체는 도시 및 생산 프로그램의 기본 단위로서 도시 세포로 구성되며, 이 도시 세포는 반복하여 재생산될 수 있다는 것이다. 그의 '고층 도시 계획'을 비롯한 드로잉에서는 같은 형태가 무한히 반복되고, 또 드로잉 안에 똑같은 모양의 드로잉을 차례대로 포개어 안에 넣을 수 있도록 만든 그릇 모양이 삽입되어 있다. 힐베르자이머는 수직으로 조닝한 수직 도시를 만들었다. 아래는 자동차 교통망과 업무도시가, 위로는 보행자용 도로와 주거 도시가 있으며, 지하로는 장거리 철도망과 근거리 교통수단이 마련되어 있다. 일하는 곳 위에 주거를 두어 통근 거리를 크게 줄였기 때문에 도로에 나올 필요가 없다. 주거 단위는 기능이 완결되어 교환도 할 수 있으며, 따라서 동등한 교통수단이나 균일한 일조와 통풍이 공급되는 주동柱棟은 어디에 놓여도 무관하다.

이 부분에서는 개인보다 집합성이 우선된다. 이 기본 단위인 도시 세포에는 공동체 하나가 포함된다. 그리고 그 안에서는 중세 도시가 그러했던 것처럼 주거와 노동이 한 건물에서 이루어진다. 따라서 도시 세포라 불리는 이 부분은 형태 요소가 선행하는 것이 아니라 부분이 전체로, 전체가 부분으로 서로 구속된다. 따라서 힐베르자이머가 '대도시 건축'에서 표현하고자 하는 바는 자본, 교통, 정보라는 유통 시스템이었다.

헬베르자이머가 미국에 건너가서 IIT에서 가르칠 때는 고층 건물을 요구하는 유럽에서와는 달리 광활한 땅에 생산, 농업, 산업의 기본 단위로 공동체를 형성하는 '분산 도시Decentralized City'를 구상했다. 크기는 다양하지만 작은 공동체가 유지되고 그 안에 사는 사람들이 걸어 다니는 거리가 지켜지도록 그리 크지 않았다. 그러면서 저밀도로 연결되는 시스템을 고안했다.

이 두 가지는 이미지가 서로 다르지만 주거와 노동을 단위로 묶고 이것을 위계적이지 않게 조직하는 모델을 제안했다는 점에서는 같다. 도시는 독립된 요소로 만들어져 중심에 의존하지 않고 끝없이 성장할 수 있게 했다. 이때 부분은 닫힌 시스템으로 배열된다. 그리고 프로그램 행위와 동선이 외부의 인프라 구축물 시스템에 연결된다. 단지 '고층 도시 계획'에서는 수직적으로, '분산 도시'에서는 수평적으로 조직된다는 점이 다르다.

CIAM과 아테네 헌장

제2차 세계대전 이후의 근대적 도시계획 사상을 확립한 것은 근대건축 국제회의Congrès Internationaux d'Architecture moderne, CIAM[11]였다. 이는 국가라는 틀을 넘어 당시에 저명한 근대건축가들이 건축의 영역 안에서 근대건축운동의 원리를 전개하려는 목적으로 1928년에 결성한 국제적 교류 조직으로 1959년까지 지속되었다. 두 번의 세계대전에 처했던 사회의 생활 환경을 직시하고, 예술 중심의 전통적 건축에서 벗어나 주택문제를 비롯하여 기능주의에 입각한 건축과 도시를 만들고 이를 세계에 보급하고자 했다. 이들은 1933년 제4회 회의를 마르세유Marseille와 아테네를 왕복하는 배 안에서 '기능적 도시The Functional City'[12]라는 주제로 개최하고, 그 논의 결과를 95개 조항으로 정리했는데, 그것이 「아테네 헌장Charte d'Athènes」이었다.

「아테네 헌장」의 기초에 결정적인 역할을 한 사람은 르 코르뷔지에였으며 이 헌장은 그의 도시계획사상을 정리한 것이다. 그는 1920년대 파리의 '부아쟁 계획'이나 '빛나는 도시' 등의 일련의 프로젝트에서 미래의 도시계획이 어떠해야 하는지를 제안했다. 이때의 회의록은 1943년까지 출간되지 못하다가 코르뷔지에 혼자 『아네테 헌장Charte d'Athènes』[13]이라는 책으로 발행했다. 제2차 세계대전의 전 세계 도시계획은 기본적으로 이 사고방식에 근거하여 전개되었다고 해도 좋다. 지역을 기능으로 분할하고 용도를 규제하는 우리나라의 도시계획도 예외가 아니다.

이들이 생각한 도시는 이전처럼 도로와 가구街區의 형상을 중심으로 하는 형식적 도시계획이 아니라, 주거와 노동 등 도시를 구성하는 기능을 연결하는 '기능적 통합체'였다. 지금은 도시에 대한 이런 사고를 간단히 비판할 수 있다. 그러나 19세기부터 시작된 급격한 공업화는 세계 도시에 커다란 혼란을 낳았다. 도심부는 인구밀도가 너무 높아 주거 공간이나 녹지 면적이 매우 부족했다. 또한 거주 환경이 악화되고 보행이 기본이던 기존 가로에 자동차가 새로운 도시 교통의 주역이 되면서 교통 체증, 교통사고,

배기가스나 소음으로 환경은 매우 악화되어 있었다. 다른 한편에서는 교외가 임기응변적으로 개발되어 주거, 공지, 직장 등 여러 시설이 배치되었으나, 시민들에게는 불공평하고 불이익이 컸다. 당시의 이런 상황을 고려하면 오늘날 쉽게 비판하는 '기능적 도시'가 그들에겐 얼마나 절실했는지 알 수 있다.

이에 CIAM은 도시의 주요 기능을 '주거' '직장' '여가' '교통' 등 네 가지로 분류하고, 개인의 자유와 공동의 이익을 보증한다는 전제 아래 혼란한 상태에 놓인 도시 문제를 해결할 방법을 다음과 같이 제시했다.

① 도시를 3차원으로 이용한다:
기계화와 공업화를 통해 향상된 건설 기술로 가능해진 고층 건물은 과밀한 도시에 새로운 공지를 만든다. 이 공지를 계기로 기능을 계획적으로 배치할 수 있다.

② 교통을 속도에 따라 분리한다:
산책로, 간선도로 등 용도에 따라 도로를 구분하고 속도에 의한 보차 분리로 보행자와 차의 교차를 제거한다.

③ 자연과 주거를 관계 짓는다:
새로 생긴 공지로 녹지를 확보하고 주거를 태양의 움직임에 맞추어 배치할 수 있으며 넓고, 청결한 공기에 햇빛이 드는 건강한 주거를 얻을 수 있다.

④ 인간의 시간적인 척도로 기능을 다시 위치시킨다:
신체적인 스케일뿐 아니라 사람에게 주어진 24시간이라는 시간의 척도에 적합하게 '주거' '직장' '여가'를 공간 단위로 나누고 이를 합리적인 체계로 배치하며 이를 위한 교통망을 정비한다.

「아테네 헌장」 등 CIAM의 이념은 제2차 세계대전 뒤 세계 각지에서 꽃피었다. 그러나 현재는 지역성을 고려하지 않고 지나치게 기능이 분리된 건축과 도시를 세계의 보편적인 현상으로 만들었다는 비판을 받는다. 그렇다고 「아테네 헌장」이 이런 점을 무시한 것은 아니다. 「아테네 헌장」은 지형이나 지역의 자연 조건과 조화를 이루고, 도시의 문화적 활동의 필요성에 대해서도 다루었다. 또한 지금 사람들의 건강한 환경을 희생하지 않는 한에서의 지역성이나 역사의 공존도 언급했다.

그럼에도 「아테네 헌장」으로 교조화된 '기능적 도시'를 이어받은 오늘날의 도시계획 규제는 사는 곳과 일하는 곳을 분리하고 사는 곳을 교외로 옮김으로써 통근하는 데 긴 시간을 소비하게 한다. 그러나 더욱이 인구가 감소하는 저성장 시대에 거대한 에너지를 소비하는 도시가 아니라 지구 환경을 지속하기 위해 크게 반성하지 않으면 안 되는 시기에 놓이게 되었다. 도시란 본래 다양한 기능이 혼재되어 성립하는 장소다. 도심에 거주하는 것이 앞으로 가까운 미래에 있어야 할 주거이므로 도심과 교외의 관계만이 아니라 도시 재개발, 마스터플랜에 바탕을 두고 클리어런스 clearance 위주로 계획하는 것도 다시 살펴보아야 한다.

기능적 도시가 외과수술적 계획이었다면, 이제는 이미 대량의 건축 스톡이 축적되어 있는 도시에서 비교적 소규모의 개별적 개발, 건축물로부터 시작하는 자연이나 역사적 수요가 충분히 개입된 내과요법적 계획이 필요하다. 따라서 가까운 미래 도시는 건축물로 시작한다.

놀리의 지도

도시는 산들이 도시를 둘러싸고 있고 강이 도시 가운데를 흐르며 도로나 가구가 이에 관여하는 형태를 보인다. 건물도 마찬가지다. 건축의 형태와 표면, 창의 모양 등이 모여서 사람에게 지각된다. 게다가 사람들은 도시 안을 분주하게 움직이고 있어서 형태를 따로 보기도 하고 연속적으로 파악하기도 한다. 따라서 도시 형태는 따로따로 볼 수는 있어도 전체를 보기 어렵다.

'그림-바탕figure and ground'의 관계는 도시를 살펴보는 기본적인 도구의 하나다. '루빈의 항아리Rubin's Vase'에서 보듯이 그림이 있으면 바탕이 그 배경이 될 수 있다. 그런데 그 바탕을 그림으로 인식하면 반대로 조금 전의 그림이 바탕으로 인식된다. 이렇게 '그림-바탕'은 이중적 관계에 있다. '그림-바탕' 다이어그램은 매스mass와 보이드void의 관계를 분명하게 보여준다. 그래서 도시의 조직을 연구하는 데 사용하기 좋은 도구이다. 오픈 스페이스보다 건물 매스의 비율이 높으면 도시 공간을 명확하게 분절하고, 뚜렷하게 정의된 접속 요소가 도시 공간과 연결된다. 그러나 건물 매스가 오픈 스페이스보다 비율이 낮으면 건물이 도시 조직과 연결되지 못하고 주차장처럼 표면 요소를 나타내게 된다.

이탈리아 건축가이자 측량사인 지암바티스타 놀리Giam-battista Nolli에 의해 1748년에 제작된 '놀리의 로마 지도Nolli Map of Rome**'는 '그림-바탕'으로 그려져 있다. 그런 까닭에 이 지도는 오늘날의 건축가와 도시계획가에게 널리 인용되고 있다. 이 지도에서는 도시를 구성하는 특정한 대상 하나에 주목하지 않고 검은색의 지어진 공간과 흰색의 지어지지 않은 공간의 관계를 나타낸다. 건물은 모두 검게 그려져 있고, 도로나 광장처럼 공동으로 사용하는 공간은 하얗게 그려져 있다. 이처럼 이 지도는 이 도시가 어떤 의도를 가지고 어떤 형태로 만들어졌는가를 아주 선명하게 그려낸다.

도시를 누구에게나 열려 있고 누구에게나 열려 있지 않다는 두 조건으로 나누어보면, 어디까지가 도시고 어디까지가 건축인지 분명하게 구별되지 않는다. 길이 건축 같고 건축이 길 같은 도시는 건물 바닥이 도로나 광장의 바닥과 같다는 뜻이다. 도시의 매력은 오픈 스페이스의 연속성에서 찾을 수 있다. 역사적으로 이런 생각을 연장한 것이 놀리의 지도다. 이 지도도 똑같이 공백void에 대한 매스 관계를 '그림-바탕' 다이어그램으로 이용하고 있다. 그러나 놀리는 공공 공간을 포함한 정보를 이에 추가했다.

놀리의 지도를 보면 건물의 매스에 대해 가로 요소의 공백만이 아니라 교회나 공공 건축 등 누구라도 접근할 수 있는 공공 공간의 공백도 같이 보인다. 교회처럼 항상 사람들이 자유로이 드나드는 공공 건물의 평면은 바깥의 광장이나 길 공간과 마찬가지로 하얗게 그려서 도시 안에서의 영역과 사적 영역이 만들어내는 구조를 지도 위에 똑같이 그릴 수 있다. 물론 이 지도를 만들었을 때 건축은 외벽이 두껍고 형태는 상당히 기하학적이었다. 요즘 사고로 보자면 경직된 건물 형태였을 텐데도 18세기 말의 이 도시 지도가 다양한 공간의 연결을 보여주고 있다. 그렇다면 건축과 도시를 명확하게 나눌 근거는 그다지 없어 보인다.

그럼에도 건축물 내부에 있는 방은 길로도 이어지고, 길이라는 방이 건축 안으로도 이어지는 지극히 당연한 현상이 오늘날의 현대도시에서는 많이 사라져버렸다. 서울과 같은 도시의 지도를 이렇게 그린다면 어떤 모습으로 기술할 수 있을까? 우리의 도시는 전부 도로와 건물로 막혀 있어 아마도 도시와 건축이 연속되는 놀리의 지도처럼 되기는 어려울 것이다. 건축물 자체는 투명한 유리로 덮여 있고 외부에 열린 바가 많은데도 정작 건축은 도시에 대하여 닫힌 경우가 허다하다. 정보화사회를 살아가고는 있어도 현실에서는 막히고 끊긴 도시에 살고 있다는 뜻이다. 이렇듯 '놀리의 지도'는 현대도시를 이해하기 위한 가장 좋은 정보원 가운데 하나가 된다.

건축과 도시가 긴밀하게 결합하면 무엇이 좋아지는가? 도시가 시각적이 아니라 촉각적인 도시가 된다는 점에서 좋다. 사람은 눈을 가지고 있지만 그 눈은 몸의 일부다. 몸이 지각할 수 있는 공간을 연결의 망으로 만드는 것이 촉각적 도시다. 도시에 대한 이런 접근이 있을 때 사람과 관계를 가진 사회를 만드는 건축이 될 수 있다. 오늘날 현대건축에서 놀리의 지도를 인용하며 많은 설명을 하게 되는 이유가 여기에 있다.

콜라주 시티

콜라주collage는 근대예술의 수법으로, 아방가르드Avant Garde 예술가들이 발견한 표현 수법의 하나였다. 콜라주는 어떤 대상이 그것에 있었던 콘텍스트에서 나왔는데도 본래 가치를 잃지 않으면서 다른 것을 만나 또 다른 새로운 가치를 획득하는 방법이다. 결국

콜라주에서 가장 중요한 점은 어떻게 부분을 전체에 위치시키는 가, 어떻게 전체를 부분과 함께 위치시키는가 하는 부분과 전체의 관계다. 그러나 콜라주 안에서 부분은 편치 않다. 콜라주된 부분 은 전체에 대하여, 전체는 부분에 대하여 두 가지 확산성擴散性을 가지고 있다. 이를 두고 건축사가 만프레도 타푸리Manfredo Tafuri는 부재不在에서만 성립하는 모순을 내포하고 있다고 말한 바 있다.

　건축에서 콜라주 수법은 19세기 말의 절충주의자 중에서 간혹 나타났다. 그러나 그 이전에도 있었다. 18세기 '말하는 건축 Architecture parlante, "speaking architecture"'을 보여준 건축가들이 그렇다. 건축사가 에밀 카우프만Emil Kaufmann에 따르면 그들 중의 한 명이 었던 장자크 르큐Jean-Jacques Lequeu가 사용한 수법이 콜라주였고, 조반니 바티스타 피라네시Giovanni Battista Piranesi나 이탈리아 판화 가 조반니 안토니오 카날레토Giovanni Antonio Canaletto가 그린 부재 의 도시 모습도 콜라주한 것이다.[14]

　건축사가 콜린 로Colin Rowe와 건축가 프레드 코터Fred Koetter 가 함께 쓴 『콜라주 시티Collage City』[15]에서 '콜라주 시티'는 도시의 부분과 부분을 이어가는 방법을 말한다. 이 책이 출간된 1978년 에는 유토피아적인 도시와 전통적인 도시를 해결하는 유일한 해 법으로 제시된 이론이었다. '콜라주 시티'는 도시의 사회적, 경제 적 기능 문제와는 관계없이 도시의 형태만을 다룬다.

　'콜라주 시티'를 이해하는 가장 간단한 방식은 도시를 '그림-바탕'으로 파악하는 것이다. '그림'이 '바탕'이 되고 '바탕'이 '그림' 이 되는 관계. 그들이 책에서 보여준 도판은 '그림-바탕'으로 되어 있다. 근대의 '공원 속 도시'에서는 '그림-바탕'이 성립하지 않는다. 건물과 건물의 관계를 볼 때 도시는 '바탕'에 치우쳐 있다.

　고대 로마 도시는 도시를 이루는 건물이 제각기 독립되 어 있는 듯하나, 그것이 집합할 때는 더욱 복잡한 전체를 만들 어낸다. 콜린 로는 17세기의 정원 도시인 베르사유 궁전Château de Versailles과 고대 로마의 의사擬似 도시인 하드리아누스 주택Villa of Hadrianus을 들어 설명한다. 베르사유 궁전은 완전하게 하나로 통

일되는 질서를 가지고 있다. 그러나 하드리아누스 주택은 이와는
전혀 다르게, 부분은 대칭적이지만 그 전체는 통제되어 있지 못하
고 근접한 부분의 관계만 고려되어 있을 뿐이다. '콜라주 시티'는
고대 로마처럼 건물은 기하학적 형태를 가지고 있으나 이것이 과
밀해지면서 서로 충돌하는 도시 공간을 말한다.

　　'콜라주 시티'란 전통도시와 근대도시가 가지고 있는 모순을
동시에 해결하려 한 이론이었다. 이때 이제까지의 도시를 두 가지
로 나눈다. 하나는 '전통적인 도시'인데, 유럽에서 볼 수 있는 솔리
드한 매스_{건물}에서 가구나 광장을 따로 떼어 외부 공간으로 만든
도시다. 또 다른 하나는 '공원 속의 도시'[16]다. 이것은 르 코르뷔지
에로 대표되는 보이드_{공원} 속에 단일한 물체로 배치된 20세기 도시
다. '전통적인 도시'는 오픈 스페이스가 부족하고, '공원 속의 도시'
는 거주 밀도와 활동 밀도가 낮지 않다. 따라서 서로 다른 이 두 개
념을 전략적으로 통합하는 제안이 있던 시기에 이 책『콜라주 시
티』가 나왔다. 현대의 도시 상황도 유토피아와 전통, 근대도시와 전
통 도시라는 이분법적 방식으로만 파악할 수 없으며, 근대도시 안
에서도 전통적 요소와 더 새로운 요소는 얼마든지 발견된다.

　　콜린 로가 말하는 콜라주의 '모호함_{ambiguity}'은 결국 도시가
과밀해서 생기는 충돌과 같다. 이는 과밀하지 않으면 교통사고도
일어나지 않는 것과 똑같다. 모호함에는 비슷한 조건을 가진 것들
이 함께 존재하고 있어서 이쪽에도 적용될 수 있고 저쪽에도 관
여할 수 있다. 그래서 이런 상태를 비유하여 '이산적_{離散的}인 여우<sub>많
은 것을 알고 있는 사람</sub>'라고 이름을 붙이기도 한다. 이와 반대는 '두더
지_{큰 것을 하나만 알고 있는 사람}'[17]다. 두더지는 이쪽저쪽을 가리지 않고
오직 하나의 목표만을 향해 돌진하기 때문이다. 그러나 이런 생태
에서는 부분 간의 충돌이 거의 없다.

　　따라서 '콜라주 시티'는 어떤 요소가 서로 침투하며 겹쳐지
는 것이 아니라, 각 요소가 자신의 독자성을 잃지 않고 서로 병존
하는 도시다. 그가 보여주는 유럽 도시의 한 예는 검은색 건물이
블록을 이루고 있고 흰색 광장이나 도로도 이에 못지않게 대등한

관계를 가지고 있는 경우다. 오스트리아 건축가 카밀로 지테Camil-lo Sitte도 『광장의 조형City Planning According to Artistic Principles』[18]에서 '그림-바탕'의 반전이라는 관점에서 건물과 건물 사이가 '바탕'으로 떠오르는 중세의 예를 보여준 바 있다.

그리고 그는 파블로 파카소Pablo Picasso의 그림을 예로 들며 '브리콜라주bricolage'를 설명했다. 만일 이 주장이 정당한 것이라면 하노이Hanoi의 '튜브 하우스Tube House'라 불리는 주택의 집합은 어떻게 이해하면 좋을까? 이 주택 집합의 입면에는 수직 벽면이 그리는 평행선을 기준으로 각각 서로 다른 입면 형태가 병존한다. 물론 이것은 도시가 아닌 건물의 입면에 나타난 형태의 집합에 관한 것이지만, 여기저기에서 가져온 요소는 제각기 독립적이며 '콜라주 시티'처럼 부분이 충돌한다. 하노이의 튜브 하우스도 주요한 부분과 전혀 주요하지 않은 부분이 병존하는 '브리콜라주'다.

그런데 실제로 부분을 교란시키는 것은 불순물 같은 작은 요소들이다. 난간, 안테나, 에어컨 실외기, 널어놓은 옷, 발 등 건축적 요소가 아닌 것들과의 병존이다. '콜라주 시티'는 입면의 작은 요소 안에서 시작한다. 1층 점포는 수많은 물건이 건축의 윤곽을 지우고 차이를 만들어낸다. 이 사소한 물건들은 순수한 건축과 도시의 불순물이지만 서로 다른 요소를 '콜라주 시티'로 이어주는 요소가 된다.

우리나라의 도시는 건물이 작은데다 경계선에서 법적으로 정해진 간격을 두고 떨어져 있어 유럽의 도시처럼 분명한 도시의 경계가 보이지 않는다. 때문에 도시 구조나 콘텍스트가 '콜라주 시티'의 '그림-바탕'으로 파악되지 않는다. '콜라주 시티'에는 격자가 있으므로 격자와 지형이 중첩하는 방식을 분석하면 고대와 근대의 차이가 나타난다.

도시의 문맥

'문맥context'이란 본래 언어학이나 언어철학에서 사용하는 용어다. 텍스트text는 문장을 말하는데, 여러 텍스트가 모인 것이 콘텍스트context다. 마찬가지로 사실은 눈에 보이는 텍스트인데, 텍스트들이 모이면con- 연관성을 갖기 시작하여 이것을 '문맥' 또는 '맥락'이라고 부른다. 각각의 문장text을 바르게 이해하려면 그것이 모인 전체를 보지 않으면 안 된다.

우리는 언어를 사용하지만 그 단어를 항상 같은 의미로 쓰지는 않는다. 특히 회화에서는 '문맥'을 무시하고 문장만으로 의미를 확정해서는 안 된다. 우리말로 "나는 장어"는 영어로 "I am an eel."이 된다. 이 문장을 낚시하는 곳에서 말하면 내가 장어를 낚았다는 말이고 식당에서 말하면 나는 장어 요리를 먹고 싶다는 말이 된다. 나와 장어 사이에 특별한 상황이 있어야 장어를 낚았는지 장어 요리를 먹고 싶다는 뜻인지 전달된다. 어떤 단어도 그것이 쓰이는 구체적인 '문맥'에 놓인다.

회화에서 말의 흐름이 중요하듯이, 사물을 이해할 때의 배경이나 사정 등을 함께 생각하는 것이 아주 중요하다. 개념예술에서도 문맥이 나타난다. 마르셀 뒤샹Marcel Duchamp의 〈샘Fontaine〉이 그렇다. 집에 있어야 할 변기를 전시장이라는 특별한 장소문맥로 옮겨놓았다. 문맥만 바꾸었을 뿐인데 변기의 본래 의미가 '샘'이 되었다. 건물은 텍스트이지만 그 건물과 주변 정황, 사람들이 사용하는 관계와 과거와의 관계 등은 '문맥'이 된다.

건축에는 그것이 놓이게 되는 주변 조건과 상황이 있다. 건축설계에서도 이것을 통틀어 '문맥'이라고 한다. 건축은 형태로 존재하지만 그것이 도시라는 문맥에 놓이면 주변의 폭넓은 상황에 아주 크게 영향을 받는다. 예를 들어 문맥과 관련하여 논의를 하지 않아서 그렇지 일조권도 이웃하는 조건과 관계하는 것이므로 문맥의 하나다. 건축을 문맥과 관련하여 생각하는 것은 전체보다는 부분을 우선하는 것이다. 부분인 건축은 전체인 도시를 구성하는 요소가 된다. 그리고 건축물 자체보다 작은 요소의 집합, 단편의 집합에 관심을 둔다.

이것은 1960년대까지 그래왔듯이 건축물이 독자적으로 서 있는 오브젝트가 더 이상 아니라는 생각에 바탕을 둔 것이다. 근대건축운동의 내적 충동은 19세기적인 절충주의적 건축 구성에 대한 반발에서 온 것이다. 질서 없는 도시의 물리적인 환경에 대한 혐오도 하나의 이유였다. 이 때문에 근대건축의 개척자들은 역사적인 요소를 포함하지 않는 순수한 형태로 건축을 구성하고, 그것이 기존의 환경을 모두 치워버리고 난 뒤에 생긴 백지 위에 건축을 구축하기를 꿈꾸었다.

그러나 현실적인 여러 조건을 무시하는 이러한 사고방식은 독선적이 되기 쉽고, 슬럼 클리어런스slum clearance라는 방법에서 보듯이 관리하는 쪽의 힘을 빌리는 경향이 있던 것도 사실이다. 이런 상황을 가장 잘 나타내는 사례가 세운상가다. 세운상가는 표면적으로는 서울의 남과 북을 잇는 구조물이었지만, 결과는 르 코르뷔지에의 '부아쟁 계획'처럼 주변의 다른 바탕을 무시하고 마치 백지 위에 거대한 건축을 지어 주변을 압도하고 배제한 것 같은 건물군이었다. '문맥'이라는 개념은 바로 이러한 건축에 대한 반성에서 시작된 것이다.

건축물은 물질적인 조합으로 끝나는 것이 아니라 주변부의 문화적인 바탕 또는 물리적인 바탕 위에 놓일 수밖에 없는 존재다. 그러나 '콘텍스추얼리즘contextualism'은 주변 건물과 관계를 잘 고려한 건물을 설계하자는 단순한 것이 아니다. 이것은 형태의 저장고인 도시와 역사의 관계에서 기호론이나 언어론의 개념으로 고찰하거나 조작하는 것이었다. 이때 콜라주, 참조, 인용 등이 함께 나타나는 개념이었다.

'콘텍스추얼리즘'은 콜린 로의 지도를 받은 건축가이자 저술가 스튜어트 코언Stuart Cohen이 사용한 용어다. 이것은 자율적인 기본 형태이상적인 형태, ideal form와 그에 대한 변형 관계를 말한다. 근대건축과 도시 형태가 바다 위에 떠 있는 기선처럼 주위의 문맥과 단절되어 있듯이, 근대건축도 전통적인 도시 구조에 대하여 완전히 고립된 이상적인 형태를 취했다. 이에 대하여 토머스 슈마허 Thomas Schumacher는 이상적인 형태가 경험적인 환경, 곧 문맥 안에서 조절적으로 변형되어 어떻게 콜라주되는가를 '그림-바탕'의 반

전이라는 게슈탈트 심리학 이론을 응용하여 보여주었다.[19]

한편 코언은 물체에 관한 '물리적인 문맥'과 이미지에 관한 '문화적 문맥'을 구별했다.[20] 가령 서울 탑골공원과 그 주변에 건축물을 설계할 때 그것이 배치된 주변을 일단 단순하게 '그림-바탕'의 반전으로 그림을 그리면 기본적으로 그 물리적인 문맥을 알아볼 수 있을 것이다. 또 탑골공원 주변에 있는 상점, 노점상, 그곳에 모이는 노인들의 의식 등을 묻는 것은 문화적인 문맥이 될 것이다. 이 두 가지 측면에서 건축과 도시를 역사 안에서 바라본다는 것은 당시로서는 중요한 의미를 시사했다.

격자상의 도시 패턴이라도 지역사회에 따라 특유한 의미를 가진다. 두 개의 직교축으로 도시를 구획하는 것은 지역과 문화를 넘어 나타나는 공통적인 형상이다. 그러나 지형을 고려하지 않은 밀레투스Miletus의 격자 패턴과 맨해튼의 격자 패턴은 같지 않다. 밀레투스는 그리스 문화의 평등성을 반영한 것이지만, 맨해튼은 철저하게 실용성에 근거하여 건물에 독립성을 주기 위한 규제선 역할을 했기 때문이다. 그런가 하면 맨해튼의 격자는 미국 이민자들이 뉴잉글랜드에 와서 지은 도시의 격자와는 또 다르다. 같은 격자라도 후자는 예전에 가축을 키우고 그것을 둘러싸며 마을이 형성된 것에 대한 집단적인 기억이 반영된 것이다. 이처럼 도시 형태의 배후에 어떤 의도와 의미가 있는지 도시의 문화적인 문맥 안에서 바라보는 것이 중요하다.

그러나 이런 콘텍스추얼리즘에는 결함이 있다. 그것은 일반론으로 말해서 모든 것이 그 문맥으로 다른 의미를 갖게 된다고는 설명한다. 그렇다면 문제는 그 문맥이 어떠한 문맥인가 하는 것이다. 한정되는 것 없이 문맥만을 말하고 이에 적응하고 조절하면 다 되는 것으로 이해한다면 무의미해진다. 또 지역과 문화에 따라 문맥에 대한 이해도 많이 다르다. 한국의 도시는 유럽의 도시처럼 '그림-바탕'으로 명확하게 구분하지 못한다. 왜 그러한 도시 형태를 갖게 되었는가 하는 배경이 따로 있기 때문이다.

도시의 건축

이탈리아 건축가 알도 로시Aldo Rossi의 『도시의 건축L'architettura della città』은 로버트 벤투리Robert Venturi의 『건축의 복합성과 대립성 Complexity and Contradiction in Architecture』과 같은 해인 1966년에 출판되었다. 『도시의 건축』은 오늘날에도 20세기를 대표하는 건축서이며, 근대주의의 방향을 처음으로 바꾼 상징적인 책 중 하나다. 그러나 이 책은 읽기 쉽지 않다. 왜냐하면 건축가 자신의 건축적 지침을 적은 책이 아니며, 도시를 말할 때 흔히 대하는 근대주의적으로 도시를 분석한 것이 아니라, 도시를 구성하고 있는 건축에 주목해야 한다는 입장이기 때문이다.

"도시를 그 안에 있는 건축의 발생적이며 기능적인 체계의 산물, 곧 도시 공간의 산물로 생각할 수 있다. 그런데 또 다른 하나는 도시를 하나의 공간 구조로 생각하는 것이다. 앞의 관점에서 보면 도시란 정치·사회·경제 체계 분석에서 비롯하며, 정치적으로 사회적으로 경제적으로 취급된다. 그러나 도시를 공간 구조로 보는 관점은 건축과 지리학에 속한다. 나는 이 두 번째 관점에서 출발하겠다."[21]

이 말은 다시 요약하면 도시를 정치적, 사회적, 경제적으로 바라보기보다는 건축적으로 바라보겠다는 뜻이다. 곧 도시를 건축으로 바라보고 파악하겠다는 것이다. 건축은 도시라는 그릇 속에 담긴 것이 아니다. 도시란 오랜 시간에 걸쳐 손으로 만들어진 건축으로 이루어진다. 따라서 도시는 건축이다.

도시와 건축을 연속적인 것으로 이해하는 것이 로시의 '도시의 건축'이다. "도시를 건축으로 여기는 것은 건축을 자율적인 분야로따라서 추상적인 의미에서 자율적인 것이 아니다 중요하게 생각하는 것이며, 도시에 있는 주요한 '도시 구조물'을 형성하게 한다. 그리고 이 책에서 분석했듯이 도시의 건축은 모든 과정을 통하여 과거와 현재로 이어진다."[22]

'도시의 건축'이라고 하면 '도시'와 '건축'을 모두 포함하고 있어서 이것이 '도시에서 지어지는 건축'처럼 들리기도 하고 '도시를 만드는 건축'처럼 들리기도 한다. 또는 '도시의 일부인 건축' 아니면 '건축의 일부인 도시'가 아닐까 하고 추측하게 된다. 그러나 도시는 건축의 이치로만 만들어지는 것도 아니며, 건축의 형태가 도시의 이치로 만들어지는 것도 아니다. 도시와 건축은 크기가 다르다. 그런데 여기에서 중요한 것은 『도시의 건축』이 제시하고 있는 '도시적 구조물urban artifact, fatti urbani'이다. 이것은 파도바Padova에 있는 팔라초 델라 라지오네Palazzo della Ragione에서 단적으로 나타난다고 말했듯이 도시와 건축 사이를 이어주는 것이다.

건축이 도시를 만드는 것은 사실이다. 로시는 이렇게 말했다. "도시는 건축으로 이해되어야 한다. 여기에서 말하는 건축이란 단지 도시의 시각적인 이미지가 아니며 여러 건축의 집적을 말하는 것도 아니다. 구축構築인 건축architecture as construction, 곧 시간의 흐름 속에서 도시를 구축하는 것을 뜻한다." 도시를 만드는 데가장 일반적이고 확실한 요소는 다름 아닌 건축이다. 건축에는 공통적으로 나타나는 관습적 구법이 있고, 사회 전체에 공통의 관습적 생활 질서가 있기 때문에 도시가 만들어지고 형성된다.

로시는 도시에서 '형태'의 중요성을 강조한다. 단 하나의 기능에서 나온 형태라 할지라도 도시에 사는 사람들에 의해 오랜 시간에 걸쳐 다른 용도로 전용轉用되며 얼마든지 여러 기능을 담게 된다. 그는 바로 이런 건축을 '도시의 건축'이라고 말했다. 이런 점에서 도시는 건축이며, 도시는 건축이라는 수제품으로 만들어진 것이다. 건축은 어떤 '도시'라는 그릇 안에 들어가 있는 것이 아니다. 도시는 오랜 시간에 걸쳐 손으로 만들어진 건축으로 이루어지는 것이다. 따라서 그가 말하는 형태는 프랭크 게리Frank Gehry나 다니엘 리베스킨트Daniel Libeskind와 같은 과격한 형태가 아니라, 기하학적으로 단순하게 반복되는 형태다.

건축은 도시 안에서 '기본 요소'와 '지역'으로 구성된다. '기본 요소'는 모뉴먼트monument라는 '영속성'의 개념과 떼려야 뗄 수 없는 불가분의 건축물이며, '지역'은 거주 공간과 관계하는 곳이다. 여기에서 집합 주택과 개별주택을 나누는데 집합 주택은 '기본 요소'에 들어간다. '기본 요소'와 '지역'으로 '형태'에 오랜 시간 손길이 가해져 도시가 만들어진다. 이런 의미에서 '영속성'이란 '형태'의 잔존에 관계한다.

근대건축의 기능이 그대로 형태가 된다고 했는데 르 코르뷔지에는 『건축을 향하여Vers une architecture』에서 풍선이 부풀어 오른 모양이 그대로 형태가 된다고 보았다. 그러나 실제로 건축은 기능과 형태가 일대일로 대응하는 것이 아님을 지적한 이는 도시도 건축도 아닌 중간적인 존재로 '도시의 건축'을 제시한 로시였다. 책제목이 『도시의 건축』이어서 모든 규모의 건축물에 전부 적용되는 이론을 말한 듯 보이지만, 그는 한 채의 주택도 아니고 도시계획도 아닌 복합 시설과 집합 주택의 범위에서 이론을 전개했다. 그래서 건축가 피터 아이젠먼Peter Eisenman은 이 책 영문판 서문에 실린 「기억의 집: 유추의 텍스트」[23]라는 글에서 "도시는 커다란 집이고, 집은 작은 도시"라는 15세기 인본주의적 입장에 대한 유추로 또 다른 도시 모델을 제시했다고 말했다.

도시의 이미지

1950년대 상황주의자Situationist와 건축가는 사람들이 어떻게 도시를 경험하는지 그 실체를 파악하고자 했다. 도시를 경험적인 차원에서 다시 바라보려는 이들의 관심은 결과적으로 위에서 아래로 결정하는 도시계획의 과정에 변화를 일으켰다. 이들은 도시를 설계할 때 도시에 살고 있는 이들의 공간적인 경험과 건조 환경의 상호작용이 계획에 반드시 고려되어야 함을 인식하게 되었다. 계획의 논리 못지않게 경험의 논리가 중요하다는 것이었다.

도시 분석에서 이미지에 바탕을 두었던 저작은 케빈 린치Kevin Lynch의 『도시의 이미지The Image of the City』[24]였다. 도시계획가이며 이론가인 그는 사람들이 도시의 구조를 어떻게 인지하고 어떤 요소를 기억하며 또 어떤 요소들을 잘 기억하지 못하는지를 보스턴에 대한 심리 지도를 작성하여 표현해냈다.

린치는 도시에서 가장 중요한 특징을 '이미지어빌리티imageability'로 보고 도시가 이미지로 될 가능성이 있으므로 이미지를 높일 수 있는 도시를 계획하는 것이 중요하다고 설명했다. 여기에서 말하는 도시 공간이란 단지 시설을 배열하고 그것을 합한 것이 아니라, 일정한 '이미지어빌리티'를 가진 물체의 분포라는 전체를 가리킨다. '이미지어빌리티'는 물체가 갖추고 있는 특질이며, 그것이 있기 때문에 그 물체가 모든 관찰자에게 강렬한 이미지를 불러일으킬 가능성이 높아진다고 말한다.

린치는 일반인에게 인상적으로 남는 뛰어난 도시의 형태 요소가 있음을 밝혔다. 도시 생활에서 각각의 사람들이 지니는 환경의 이미지와 함께 대다수의 많은 주민이 공통으로 마음에 품고 있는 '공적인 이미지public image'라는 심상心象이 있다. 그는 도시의 이미지는 크게 통로path, 주변부edge, 지구district, 결절점node, 랜드마크landmark 등 다섯 개의 물리적인 요소로 구성되어 있다고 보았다.

'통로'는 관찰자가 매일 지나는 경로를 말한다. 사람들은 이동하면서 그 도시를 관찰하며, 그러한 통로를 따라 다른 요소들이 배치되며 관련을 맺는다. '주변부'는 관찰자가 통로로 사용하지 않거나 통로로 여기기 않는 선상線上의 요로要路를 말한다. 지구district는 크기가 중간 정도인 도시의 한 부분으로 2차원의 평면상에서 전개되고 그 안에 독자적인 특징이 있는 장소가 형성될 수 있다. 결절점이 되는 것은 교통의 조건이 바뀌는 지점이나 도로의 교차점 내지 집합점 또는 하나의 구조가 다른 구조로 옮겨지는 지점이다. '랜드마크'란 외부에서 건물, 간판, 상점, 산 등 단순하게 정의되면서 방향을 밖에서 인식하고 지향하게 되는 목표점이다. 이것은 크기가 반드시 큰 것을 뜻하지 않는다. 그래서 케빈 린치는 랜드마크는 돔이 될 수도 있고 문의 손잡이일 수도 있다고 설명한다.

이러한 도시 환경의 이미지는 동일성identity, 구조structure, 의미meaning라는 세 가지 성분으로 이루어진다. 동일성과 구조는 형태적인 것이고, 의미는 사회나 역사적인 것에서 고찰되어야 한다고 설명한다. 위의 다섯 가지 요소는 도시 설계의 방법에 따라 선명한 동일성, 강력한 구조를 갖춘 매우 강렬한 도시의 이미지를 만들어낸다. 이것이 그 도시의 강한 '이미지어빌리티'가 된다. 이 '이미지어빌리티'가 높으면 그 도시에 대한 정주성定住性이 높고 애착이 강해진다.

린치는 이러한 요소에 착안해 도시의 아름다움이나 비례를 문제 삼지 않고, 이해하기 쉬움legibility과 보이기 쉬움visibility에서 오는 인상의 세기가 가장 중요하다고 보았다. 이렇게 해서 세계의 어떤 도시에도 이것을 사용해 하나의 이미지 그림을 만들 수 있음을 보여주었다. 이는 이미지에 바탕을 두고 근대적인 도시계획 방법으로는 다가갈 수 없는, 계량할 수 없는 이미지로 나타나는 공간 도식을 도시의 모습 안에서 찾고자 한 것이었다. 또 그것은 도시를 보는 방식이 문화의 차이를 넘어 표현될 수 있음을 보여주었다는 점에서 획기적이었다.

린치는 이렇게 도시 공간을 시각 구조의 측면에서 분석하고 상징적으로 해석하여 도시 설계에 새로운 방법을 제시했다. 이러한 도시의 해독 방법은 공간 파악이 명쾌하고 단순하여 많은 연구자와 도시계획가에게 널리 알려지고 응용되었다. 그러나 그것은 도시라는 전체를 의식하고자 하는 시대의 요구에 부응한 것이기도 했다.

오늘날에는 도시가 전역에 걸쳐 확대되고 있으며 그 내용을 한마디로 말할 수 없게 되었다. 이런 관점에서 보면 린치의 도시 분석이 도시를 너무 단순화했다고 비판할 수 있다. 그러나 이 책은 도시를 연구하고 도시에 대해 논할 때 반드시 읽어야 할 책이라고 할 정도로 20세기 후반의 도시 연구에 큰 영향을 미쳤다.

불순한 리얼리즘

건축비평가 리안 르페브르Liane Lefevre는 후기 자본주의의 '불순한 리얼리즘dirty realism'을 건축에 적용하여 현대도시 공간의 현실과 1980년대 이후에 등장한 건축 공간의 경향을 둘러싼 논쟁으로 전개했다. 그녀는 '불순한 리얼리즘'이라 불리는 경제적인 필요악으로 오염된 사슴 모양의 울타리, 퇴적된 산업 폐기물, 주차장, 차고, 개성 없는 고층 빌딩 등을 현실로 받아들이고 이를 재고하려고 했다. 그러면서 1982년 영화 〈블레이드 러너Blade Runner〉의 배경을 인용했다. 이 영화의 배경은 스모그로 가득 찬 어둡고 암담한 도시, 화려한 네온사인과 비가 내리는 음습하고 어두운 거리, 국적을 알 수 없는 옷차림을 한 사람들이 뒤섞인 풍경이다.

지배자들은 부와 기술을 집중시켜 장려한 건물을 만들지만, 대중은 적당하게 풍부하고 적당하게 빈곤하다고 할 수 있다. 이들이 늘 사용하는 기술은 예민하게 조각된 대리석이나 섬세하게 미묘한 그림자를 드리우는 목세공이 아니라, 누구라도 쉽게 조작할 수 있는 저가의 기술이다. 도시의 구축물, 주택이나 빌딩이나 도로나 광고탑 등 수많은 인공 구조물은 철근 콘크리트, 합판, 플라스틱, 슬레이트slate처럼 어디나 대량으로 생산되는 값싼 재료로 바뀌어 있다. 재료가 빈곤한 것처럼 현대에 입각한 미학도 빈곤함으로 전면에 강조된다.

우리 주변은 정돈되어 있지 않고 여전히 복잡한 사물로 둘러싸여 있다. 철판 가드레일, 철골 계단, 여기저기 얽혀 있는 전봇대, 계획성 없이 그때그때 상황에 맞추어 이어져 있는 계단, 좁은 골목, 차로 채워진 주차장 같은 환경은 사실 개선해야 할 환경이다. 그러나 이런 일상의 환경은 공과 사, 내부와 외부, 아름다움과 추함이라는 종래의 개념으로는 파악되지 못한다. 그럼에도 이 환경은 어쩔 수 없이 아침마다 부딪치는 현실로 공기처럼 나를 둘러싸고 있다. 이 껄끄러운 환경을 자신의 삶의 터전으로 인정하고 받아들일 때 이 현실은 '불순한 리얼리즘'이 된다.

건축이라는 측면에서 도시의 현재를 받아들이는 것 또한 건축을 통해 도시를 바라보는 '불순한 리얼리즘'이다. 일본 건축가 쓰카모토 요시하루塚本由晴와 가이지마 모모요貝島桃代가 쓴 『메이드 인 도쿄Made in Tokyo』[25]는 이런 입장을 대변하는 중요한 책이다. 이 책은 도쿄에 있는 건물 중 명작, 최고의 건축가가 설계한 것, 우등생 건축이라고 생각하는 것이 아니라 그것이 어떤 수준의 것이든 도시의 생활을 영위하기 위해 만든 일종의 변종까지도 그 도시가 만든 것으로 보고 있다. 서울, 부산, 광주, 대구라는 도시를 바라볼 때 아름다운 건축물, 역사를 남긴 기념비적인 건축물에만 매료되지 않는 것, 그것이 추하든 아름답든 문법에 맞든 그렇지 않든 이 시대에 우리가 만든 것 안에 우리의 삶의 조건이 드러난다면, 그것을 인정하고 우리의 지역 안에서 생성된 것으로 바라보는 것이 지역성을 밝혀내는 일이다.

한 도시 안에 있는 건축물의 지역성은 익명의 건축물, 즉 '건축가 없는 건축', 우리가 흔히 B급이나 C급 건물로 취급하는 건물들 속에 먼저 퍼져 있어야 한다. 새로운 건축의 지역성은 이 '바깥쪽'에 있는 건물들 속에서만 피어나기 때문이다. 도시의 지역성이란 엘리트 건축이 먼저 구현하는 것이 아니다. 그것에는 도시에 이미 있는 것에 대한 배려, 지역에 대한 배려, 장소와 재료가 서로 얽혀 있다. 도시는 누가 만드는가? 지금 우리가 살고 있는 도시 공간에서 실제로 도시를 걸어보며 가장 인상적인 공간을 찾는다면 과연 어떤 것이 선택될까? 그것은 어쩌면 우리 일상 공간에서 얼마든지 발견할 수 있는 현대판 '건축가 없는 건축'일지도 모른다.

'불순한 리얼리즘'의 입장에서 바라보는 이 현대판 '건축가 없는 건축'은 도시 안에 인접하는 사물과 깊은 인접성을 가지고 있고, 하나의 건축물이나 구조물에서 도시와 독특한 관계를 가지고 있다. 이런 건축물은 도시 환경과 생태적 관계에 있으므로 토목, 도시, 조경, 풍경과 복합적으로 얽혀 있는 것이 많다.

건축가의 분명한 의지에 따라 지어지기보다는 오히려 눈에 보이지 않는 무언가의 '힘', 곧 부동산 투기, 경제 시스템, 건축법규의 시스템처럼, 건축가의 만드는 의지와는 전혀 다른 통로를 통해 이루어진 건축들이 많다. 이러한 건축은 처음 지어질 때의 조건에 충실하고, 경제적 조건에 민감하게 반응해 나타났다 사라지기도 하면서 도시에 예민하게 대응하는 힘을 가지고 있다. 오히려 이런 것에 21세기의 건축적 방법이 이미 내장되어 있다.

미국 대도시의 죽음과 삶

1950년대에 경제가 눈부시게 성장했던 미국의 대도시에서는 중산 계급이 교외로 이주함으로써 공동화된 도심부의 슬럼가를 일소하려는 도시개발이 왕성하게 일어났다. 고졸에 아마추어 도시 활동가인 제인 제이컵스Jane Jacobs는 자신의 저서『미국 대도시의 죽음과 삶The Death and Life of Great American Cities』[26]에서 슬럼가를 무질서라든지 혼란으로 배제해버리는 도시개발의 논리가 잘못되었다고 비판한다. 그리고 도심부에서 볼 수 있는 다양성을 복잡하고 아주 잘 발달한 질서의 형태로 긍정하는 논리를 전개했다.

그의 저작은 다양한 주민의 삶과 다양한 소규모 기업이 들어 있고 보기에 잡다할 만큼 고밀도로 집적되어 있는 환경을 건강하지 않은 것으로 여기고 이를 정연한 질서로 바꾸어야 한다고 보는지, 아니면 이를 정당한 도시의 활력으로 볼 것인지 묻는다. 건축가, 도시이론가, 정치가, 행정관 들이 절대적으로 신뢰하던 모더니즘의 도시 이론이 도시 생활을 파괴하는 역할을 하고 있음을 밝히고 있다.

정치가나 행정공무원, 모더니즘 도시 이론에 근거한 도시계획가들은 대도시 중심부의 잡다한 고밀도 지구를 슬럼이라 여겼다. 그들은 이런 슬럼을 철거하여 주민들을 도심에서 떨어진 중고층 저소득자 공공주택으로 옮기고, 그 자리를 중간 계층의 주택지 등으로 재개발하는 방식에 익숙해져있다. 그러나 제이컵스는 이런 정책을 명석하게 비판하며, 슬럼에서 벗어나도록 지원하는 탈슬럼 과정을 거칠 때, 지역은 다양하고 풍부한 활력을 얻는다고 말한다. 그런데도 탈슬럼화가 진행되는 움직임을 읽지 못하고 주민을 다른 곳에 지은 중고층 공공주택으로 이주시키면, 형성되어 가던 기능의 네트워크가 끊기고 결과적으로 도시의 다양성이 자라지 못하게 된다는 것이다.

제이컵스는 저널리스트로서 뉴욕에 있는 고속도로 건설반대 운동 등 주민운동에서 중요한 역할을 했고, 그 과정에서 모더니즘의 도시 이론이 시민의 건전한 상식에 반해 있음에 강한 반발을 느꼈다. 그녀는 뉴욕 맨해튼 그리니치 빌리지Greenwich Village에 살면서 도시 생활을 계속 관찰하고 다양한 사람들과 논의하며 독자적인 도시 이론을 세웠다. 이 이론은 그녀가 대화를 거듭한 당시의 뉴욕 동네 사람들의 높은 시민의식에서 나왔다. 이것은 르코르뷔지에로 대표되는 모더니즘의 영향을 크게 받은 도시이론, 포드 자동차 공장 등에서 채용된 대량생산 기술의 합리성에 기반을 두는 건축과 도시 설계에 대립한다. 걸출한 도시 사상이 도시를 전공한 도시이론가나 도시계획가에 있지 않고, 오히려 도시에 사는 평범한 사람들 속에 있음을 밝힌 것이다.

제이컵스는 대도시의 본질은 서로 모르는 사람이 모여서 지나치게 간섭하지 않고 살아가는 것이며, 이것은 가로라는 공적인 장소를 핵으로 발달시킨다고 지적한다. 그리고 그 가로의 공공성을 간직하는 것은 쇼핑이나 잡다한 일로 오가는 사람들에게는 가로의 눈이 되어 치안에 도움을 주고, 그것이 역으로 지역의 풍성한 상업 활동으로 이어진다고 말한다. 용도규제나 거대 개발 등을 통해 토지를 순수하게 이용하는 것은 이렇게 서로 이어지는 활동과 가로를 죽이고 결과적으로 도시를 단조롭게 만든다는 것이다. 이것은 모든 사람이 너도나도 사이좋게 살아야 한다는 전제를 두고 용도를 구분하여 계획하는 도시계획자의 신념과는 상반된다. 그러나 이 주장이 아마추어의 눈과 관찰에서 나왔다는 것이 더 의미 깊다.

제이컵스는 지구 내의 특정한 용도에만 집중하지 말고 주거, 소매점, 음식점, 공장, 오피스 등 여러 용도를 혼재시키는 것, 가구街區의 길이를 짧게 하고 모퉁이를 도는 기회를 늘리는 것, 될 수 있으면 오래된 건물을 남기고 오랜된 정도나 조건이 다른 건물을 혼재시키는 것, 그러한 목적에도 충분한 밀도로 사람이 있는 것 등을 다양성의 조건으로 제시했다.

『미국 대도시의 죽음과 삶』은 도시 설계나 건축 설계만을 다루지 않는다. 지역의 산업 구조, 사람의 통행, 길의 안전, 그것을 지탱하는 가로 형태, 개발 제도, 그 배후의 금융, 정치 조직, 주민운동, 밀도 등 도시개발에 관계하는 모든 측면을 종합적으로 다루고 있다. 기존의 학문이나 행정은 이것을 모두 개별 입장에서 다루었다.

『미국 대도시의 죽음과 삶』이 말하는 21세기적인 교훈은, 도시는 의지를 가진 개체의 집단이 만든다는 것이다. 정보화사회에서 가장 큰 변화는 개체가 IT를 커뮤니케이션의 수단으로 삼아 장소에 한정되지 않는 집단으로 활동한다는 점이다. 따라서 현대의 대도시는 외형적으로는 아주 크지만 그것을 구성하는 것은 작은 스케일이며, 그것들이 집합되는 다초점多焦點 도시로 바뀌고 있다. 그러므로 21세기의 도시와 건축의 과제는 의지를 가진 개체와 활동하는 집단이 각각 바라는 바를 물리적인 환경에서 어떻게 구체적으로 번역할 수 있을지에 있다. 그런 점에서 도시를 바라보는 제이컵스의 입장과 종합성은 다시 평가되어야 한다.

2장

건축과 자연

자연에 순응하는 것만이 미덕은 아니다. 자연은
건축에 대하여 적이다. 이런 건축을 하면서
건축은 자연을 사랑하며 만들어진다는 것은
건축하는 사람 쪽에서 하는 말일 뿐이다.

건축의 자연

자연과 사람 사이

루이스 칸은 자연이 하는 일과 인간이 하는 일을 명확하게 구분했다. 자연은 집과 방을 만들 수 없다. 인간의 마음에 깊게 자리 잡을 때 비로소 '방'이 생긴다. "자연은 집을 만들지 않는다. 자연은 방을 만들 수 없다. 내가 다른 사람과 방 안에 있을 때, 산과 나무와 바람과 비는 우리의 마음에 남고, 방은 본질적으로 하나의 세계가 된다. 이 얼마나 놀라운 일인가?"[27] 그런데 자연과 사람에게는 공통점이 있다. 자연은 그것이 어떻게 만들어졌는지 기록되어 있고, 사람에게는 사람이 만든 기록이 있다고 말한다.[28] 그렇기 때문에 자연은 인간이 만든 어떤 것도 만들 수 없다는 것이다. 과연 이것이 맞는 생각일까?

건축의 가장 중요한 역할은 더 나은 환경을 만드는 것이다. 그러나 건축은 결코 자연을 만들지 못한다. 자연은 이미 주어져 있다. 자연을 환경으로 파악하는 것은 사람의 삶이다. 사람의 삶이 없어도 산과 강, 땅과 공간, 동물과 식물 같은 자연은 물리적으로 존재한다. 곧 자연은 사람이 없어도 거기에 있다. 당연히 자연은 집을 짓지 않는다. 집을 짓는 것은 사람이다. 그래서 자연에는 자연의 기록이 있고, 사람에게는 사람의 기록이 있다고 루이스 칸은 말한다.

있는 그대로의 자연에 사람의 삶과 건축이라는 경영이 개입할 때 환경은 생긴다. 사람과 자연 사이에 생명적인 관계가 있을 때 자연은 자연환경이 된다. '자연-〈환경〉-사람'이므로, '자연-〈건축〉-사람'이 된다. '자연과 사람'에서 그 〈과〉가 건축이 된다. 그래서 칸이 "내가 다른 사람과 방 안에 있을 때, 산과 나무와 바람과 비는 우리의 마음에 남고, 방은 본질적으로 하나의 세계가 된다."고 말한 것이다. 곧 '다른 사람-방-산과 나무와 바람과 비'다.

예를 들어 '오늘은 춥다.'고 할 때 사람은 추위를 느낀다. 그 추위가 온도계로 재서 몇 도라고 나타나는 양은 사람이 지각한 추위가 아니다. 추위는 대상이 아니다. 그런데 춥다고 느낀다는 것은 추위와 나 사이에서 일어난 관계다.

우리는 자연환경, 자연보호라 하면서 '자연'이라는 말을 사용한다. 영어로는 'nature네이처'다. 이 서양의 '네이처'는 사람에게 정복되고 탐구되고 관리되는 객관적인 대상이었다. 그런데 이 자연自然은 옛날부터 있던 말이 아니고 근대에 들어와 일본에서 '네이처'를 자연自然이라고 번역한 것이다. 동양에는 '네이처'에 대한 번역어가 그 이전에는 없었다. 자연을 대상으로 하고 객관적인 것으로 여기지 않았다는 뜻이다. 산천초목山川草木, 사계절四季節이라는 말 속에서 이미 '자연-〈과〉-사람'의 관계가 들어 있었다. 자연自然과 자기自己는 모두 자自를 쓴다. 자自에는 스스로라는 뜻도 있고 시작이라는 뜻도 있다. 자연自然과 자기自己=사람에는 모두 제각기 근원적인 자발성이 있다는 말이다.

칸이 설계한 소크생물학연구소Salk Institute for Biological Studies에는 중정 한가운데에 물줄기가 띠 모양으로 흘러간다. 이 물은 마치 저 멀리 서쪽에 있는 바다로 흘러가는 듯 보인다. 바다가 하늘을 반사하듯이 이 좁은 수로의 표면은 하늘을 반사한다. 내가 알고 있고 체험하는 이 수로가 알지 못하는 저 바다를 향해 흘러가고 있다고 느낀다. 그래서 이 수로는 건물에 속한 것이고 자연에 속한 것이다. 산의 계곡과 강의 물줄기도 얼마든지 이와 비슷하게 흘러간다. 그러나 아무리 그 물줄기가 크고 길어도 그것은 있는 그대로의 자연이다. 그렇지만 소크생물학연구소의 작은 물줄기는 건물과 자연 사이를 흐르는 물이며, 사람이 느끼는 물의 반사와 흐름이다. 이렇게 자연과 사람 '사이'에서 일어나는 작용을 일컬어 환경이라고 한다. 건축의 자연이란 자연과 사람 '사이'에서 일어나는 상호작용이다.

스페인 건축가 안토니 가우디Antoni Gaudi가 제자들에게 남긴 중요한 말 하나는 "인간은 아무것도 창조하지 않는다. 단지 발견할 따름이다. 새로운 작품을 위해서 자연의 질서를 찾는 건축가는 하느님의 창조에 기여한다. 때문에 독창이란 창조의 기원으로 돌아간다."는 것이었다. 이 말은 그가 독실한 가톨릭 신자였기 때문에 일종의 신앙고백처럼 들릴지도 모른다. 그러나 왜 그가 자연을 이렇게 되풀이하여 강조했는가에 귀를 기울이는 것이 건축을 공부하는 올바른 길이다. 사람은, 그리고 건축가는 자연 속에서 질서를 발견하는 자이며, 무엇을 새로 만들어내는 것은 하나도 없다. 그러나 건축가의 작업은 매우 크다. 하느님이 창조한 바에 건축으로 기여하기 때문이다.

가까운 자연
자연에서 시작하는 건축

건축은 언제 시작된 것일까? 건축의 역사는 언제부터일까? 건축에 대한 지식을 묻는 질문이 아니다. 이것은 건축에 대한 무한한 상상력을 자극하는 질문이다. 건축사가 스피로 코스토프Spiro Kostof는 이렇게 답한다. "인간은 100만 년 전보다 더 먼저 제각기 독자적인 모습을 취하며 지구 위에서 살아왔다. 건축이 자연의 질서에서 분리된 환경을 의도적으로 창조하는 것이라면, 인간은 긴 역사 속에서 대부분 건축을 모르고 있었다는 뜻이 된다."[29]

건축은 인간이 이 땅에 살면서부터 있어왔다. 어디에? 자연 속에. "실제로 미개의 형태로 자연이 배치되면서 건축은 처음부터 존재했다고 할 수 있다." 그런데 조건이 있다. 인간은 있는 그대로의 자연 속에서는 살 수 없다. 실제로 인간은 산의 세심한 지형을 찾아 그곳을 거주지로 정하고 살았다. 코스토프는 이렇게 말한다. "사방으로 땅이 한없이 펼쳐지는 별다른 특징 없는 넓은 평원을 생각한다면, 그때는 건축이 전혀 존재하지 않았을 것이다. 그러나 산맥이나 강이 펼쳐진 땅을 구분하고, 언덕을 강조하며, 동굴이 땅을 움푹 파냈다면 건축의 역할은 이미 시작된 것이다." 이것은 건축에서 자연이란 무엇인가를 묻는 관념적이거나 낭만적인 태도와 구별되는 근원적인 입장이다.

산은 벽이고 언덕은 출입구이며 벌판은 바닥이고 개울은 길이다. 건축가 루돌프 슈바르츠Rudolf Schwarz는 이렇게 빗대어 말했다. 그러나 이것은 단순한 비유가 아니다. 사람은 실제로 자연을 '건축적 요소'로 바꾸어 생각했다. 알제리의 음자브Mzab 계곡의 산은 제각기 일곱 개의 마을을 위한 벽이었다. 그런가 하면 르 코르뷔지에는 건물의 바닥은 땅이 연장된 것이고, 개구부는 하늘을 따서 안으로 끌고 들어오는 것이며, 산은 평원을 향해 전개하는 벽면이라고 말했다. 개구부가 먼 산과 긴 벽 그리고 기둥과 같은 사이프러스 나무를 에워싸며 하늘은 내부와 연결된다. 땅과 언덕과 동굴에서 거처를 마련하며 자연이 건축의 역할을 대신한다는 생각은 저 먼 옛날부터 오늘에 이르기까지 하나도 변한 것이 없다.

몸에서 시작하는 자연

자연은 인간에게 환경으로 다가온다. 그리고 인간은 자연과 관계하며 자신을 본다. 이것이 모든 문화의 근본이다. 따라서 건축은 자연에 대한 인간의 태도로 지어진다. 그렇지만 자연이란 얼마나 넓은 것인가? 건축은 결코 우주 삼라만상의 자연을 다 다루지 못한다. 건축에서 자연은 어디까지나 나와 가까이 있는 자연, 건물이 지어지는 특정한 장소의 자연이다.

건축은 어디에서 시작하는 것일까? 건축은 사람의 몸을 감싼다. 건축은 사람의 몸에서 시작한다. 건축을 옷과 같은 것이라고 하면, 벽과 바닥과 천장이 옷처럼 우리 몸을 감싸는 것이 되므로 벽과 바닥과 천장에서 시작한다고 말할 수 있다. 그런데 자세히 들여다보면 그렇지 않다. 사람의 몸을 제일 먼저 감싸는 것은 공기라는 물질이다. 사람의 몸은 언제나 자연으로 감싸여 있다. 건축은 벽과 바닥과 천장에서 시작한다고 말하는 것은 만드는 사람 쪽에서 본 것이다. 그러나 건축을 공기에서 시작한다고 하면, 그것은 그 안에 사는 사람 쪽에서 본 것이다.

이렇게까지 이론적으로 살펴보지 않아도, 건물을 사용하는 사람은 누구나 물리적으로나 정신적으로 자연과 가까이 하고 싶다고 생각한다. 그것 하나로도 사람은 자연에 가까워질 수 있다. 대도시에 살면서 나무와 산과 강을 조금이라도 보며 자기 집 짓고 사는 것을 싫다고 할 사람은 아무도 없다. 이런 사실 하나로도 건축과 자연이 대립하는 것이 아님을 알 수 있다.

자연은 건축을 위해 존재하지 않는다. 실제로 새로 지어진 집만으로는 아무래도 주변과 잘 어울리지 않는다. 건축과 정원은 전혀 다른 과정으로 만들어지고, 건축을 만드는 재료와 정원을 만드는 재료가 전혀 다르며 조합하는 방식도 전혀 다른 것만 보아도 이 사실을 잘 알 수 있다. 그러나 집이 다 지어지고 아직 입주하지 않아도 땅에 나무와 풀이 심어질 때 건물은 생기를 얻는다. 아주 단순한 자연의 산물로도 건축물은 생명을 얻기 시작한다.

건축이 자연에서 배울 수 있는 교훈은 먼 곳에 있지 않다. 동물이 둥지를 만드는 방식만 잘 생각해도 건축이 자연에 다가가는 태도를 배울 수 있다. 새는 자기 둥지를 만드는 재료를 먼 곳이 아닌 가까운 곳에서 가져온다. 보통 새들은 이끼와 풀잎, 나뭇가지 등을 엮어 둥지를 만들지만 제비는 진흙과 지푸라기로 집을 짓는다. 집을 짓는 곳에서 가까이 있는 재료를 사용하는 것이 곧 건축의 지역성을 유지하는 가장 직접적이고 생태적인 방법이다.

동물은 자기 몸으로 직접 집을 짓는다. 자연에 가까운 집을 지으려면 자재를 나르고 건설하는 것까지 그 집에 사는 사람이 적극적으로 개입해야 한다. 이를 통해 건축이란 신체로 짓고, 물질은 신체와 살아 있는 관계를 맺고 있음을 배워야 한다. 제비는 한번 지은 집을 다음 해에 또 와서 고쳐 쓰기도 한다. 그러므로 사람이 사는 집도 자원을 재활용하는 것 자체가 자연에 가까워지는 일이다. 이처럼 건축의 답은 구체적인 자연과 멀지 않은 내 몸과 그 주변에 있다.

자연 순응과 문화
건축과 자연은 적

인간은 엄중한 자연에 대항해야 한다. 그러나 자연과 싸울 수 없을 때 인간은 자연과 타협하려고 한다. 이것이 자연의 조화다. 중국의 야오둥窯洞이라는 주택은 자연을 보존하기 위한 것이 아니라 자연에 대항할 수 없어서 이를 역이용한 것이다. 집을 지을 재료가 없으니 가장 값싸면서도 단열 성능이 좋은 재료인 땅을 깊게 파고, 그 대신 안마당을 만들고 주위에 빛을 받는 방을 배열했다. 그러므로 이 주거는 땅의 표면을 크게 손상하지 않은 것뿐이지 아름다운 자연을 보존하겠다고 지은 것이 아니다. 그리스의 산토리니Santorini 같은 마을의 집들도 마찬가지다.

자연은 건축에 대해 타자他者다. 정원을 방치하면 자연은 집까지 점령해간다. 그만큼 정원은 건물의 논리 바깥에 있다. 초가집에는 이끼가 끼고 풀이 자라며 덩굴이 집을 감싸고 나무가 집에 균열을 일으킨다. 건물이 폐허가 되면 식물이 금방 침입해온다. 오랜 사찰의 한 암자 지붕에 풀이 자라고 있다고 해서 이 건물이 자연과 공존하는 것은 아니다. 이 풀은 지금 건물의 짜 맞춘 재료 사이의 간격을 벌리고 있는 중이다. 이런 풀이 많이 모여 덩굴이 되고 건물 벽면을 덮으면, 덩굴의 작은 뿌리가 벽돌에 균열을 내기 시작한다. 앙코르와트Angkor Wat에서 무성하게 자라는 나무는 자연과 공존하는 것이 아니라 건물을 파괴하고 있는 중이다. 집과 가까운 정원조차도 사람의 손으로 유지하지 못하면 아름다운 정원은 금세 황폐해지고 만다.

그런데도 사람은 늘 자연을 아름답다고 생각한다. 물론 나무나 풀이나 산이나 계곡은 모두 아름답다. 사람은 자연 속에서 편안함을 느끼고 늘 자연을 가까이하고 싶어 한다. 고궁의 돌담길을 따라 떨어진 낙엽조차도 아름답다. 그러나 사람이 만드는 것은 자연처럼 아름답지 못하다. 사람이 만드는 것은 추한 것이 대부분이다. 사람이 만들고 짓는 것이란 거의 모두가 자연 속에 함부로 짓고 함부로 부수며 땅을 마구 잘라내고 메우기를 반복하는 것인데도, 모두 '자연'이라는 말에 수긍하며 자연으로 돌아가야 한다고 말한다. 자연에 순응한다고 할 때는 자연이 아름답다고 말하다가도, 자연에 대항해야 할 때는 인간의 기술을 동원해야 하는 모순을 인간은 가지고 있다.

자연이나 언덕 위에 서 있는 오랜 건축 유산이 자연에 호응하고 있다고 여기지만, 엄격하게 보면 이것은 자연을 파괴하며 세워진 것이다. 건물을 지으려면 필연적으로 땅을 고르고 나무를 쓰러뜨리며 풀을 깎아야 하고, 건축물에 쓴 나무를 제재하여 들여오고 채석장에서 돌을 다듬어 재료로 사용한다. 건축이란 자연을 훼손하고 가공하며 정리한 곳에 인간의 의지를 담아 질서를 부여하는 것이다. 그러니 건축은 자연을 사랑하면서 만들어진다고 말할 수는 없다. 나무 위에 집을 짓는다고 해도 그것은 자연을 이용한 것이다.

자연에 순응하는 것만이 미덕은 아니다. 자연은 건축에 대하여 적이다. 인간이 엄중한 자연 속에서 살아가려면 자연에 대항하지 않을 수 없다. 인간이 집을 짓는 것은 먼저 자연을 사랑하기 위해서가 아니라 혹독한 자연을 피해 자기에게 맞는 환경을 스스로 유지하기 위해서다. 집을 짓는다는 것은 숲에서 나무를 잘라 건물에 쓸 재료를 가져오고 채석장에서 돌을 잘라 자연스러운 땅의 물매slope를 지우며 땅을 평탄하게 만들고 땅속을 파 수맥을 돌려야 하는 일이다. 이런 건축을 하면서 건축이 자연을 사랑하며 지어진다는 것은 건축하는 사람 입장에서나 하는 말일 뿐이다.

문명의 역사, 특히 건축의 역사, 도시를 만든 것 자체가 늘 자연을 밖으로 밀어내는 일이었다. 지나가는 길에 선돌을 세울 때도, 마야 사람들이 지구라트Ziggurat를 세울 때도 나무를 쳐내고 빈 땅에 집을 지었다. 한옥의 온돌이 건강에 좋은 난방법이라고 하지만, 한국인은 오랜 역사를 지내며 뜨뜻하게 겨울을 보내려고 무수한 산의 나무를 베어다 땠다. 그러면서도 한국 건축은 자연을 사랑하는 건축이라고, 본인은 살아보지도 않은 시대인 과거의 건축을 낭만적으로 회상한다.

건축이 자연에 순응하는 것이라면 동굴형 건축, 자궁형 건축이 가장 건축답게 보인다. 이에 동의하는 이들은 이런 건축에서 오랜 세월에 걸친 건축적 영감을 풍부하게 얻는다고 생각한다. 그러나 이것도 충분히 인공적인 기술로 번역되지 못하는 이상 공간의 이미지로 머물러 있기 쉽다. 그리고 이런 관점에서 풍토적

vernacular, 익명적anonymous, 자발적spontaneous, 토착적indigenous, 농촌 rural과 같은 개념을 우선으로 여기게 된다.

1973년 오일쇼크가 일어난 뒤, 전 세계에 에너지 절약에 대한 관심이 높아져 이른바 '에너지 컨셔스 디자인energy conscious design'이 건축의 커다란 관심을 받았다. 개인주택 등에서 태양열을 이용하는 온수기를 지붕에 얹는 정도였던 에너지 절약 대책은 건물 자체의 문제가 되었다. 이에도 두 가지 현상이 나타났다. 하나는 적극적으로 설비 투자를 하여 태양열, 풍력, 수력 등을 최대한 이용하려는 기술기반형 설계수법active design이고, 다른 하나는 설비에 투자하기보다는 자연의 법칙을 이용하여 에너지를 최소한으로 사용하는 자연순응형 설계수법passive design이다. 이러한 수법을 '대체 기술alternative technology'이라 부른다.

이 '대체 기술'은 고유의 풍토에서 열, 소리, 빛, 바람, 불, 눈, 물을 제어하고 개구부와 외피와 단열재의 선택, 단열층의 구조 등 설계상 다양한 요인의 상관관계를 해결하려는 기술이다. 따라서 친환경 건축에서 자연순응형 수법도 결국은 자연에 대한 다소 소극적인 기술의 한 부분이다. 친환경 설계는 자연에 순응하는 방법을 조금 더 많이 가르칠 뿐이지, 그것이 자연에 순응하고 자연을 알게 되는 지름길을 대변하는 것은 결코 아니다.

자연의 요소가 없는 생태학

생태학ecology은 자연을 다룬다. 생물과 생물, 생물과 환경의 관계를 구명하는 학문이 생태학이다. 'ecology이콜로지'는 유기체와 환경 사이의 여러 관계를 학學으로 다룬다. 이 용어는 독일 진화론자인 에른스트 헤켈Ernst Haeckel이 1869년에 '외콜로기Ökologie'라고 만든 조어인데, 여기에는 가정이라는 뜻의 그리스어인 '오이코스oikos'라는 말을 사용했다.

헤켈은 생태학을 이렇게 말했다. "생태학이라는 낱말을 우리는 자연계의 질서와 조직에 관한 전체 지식으로 이해한다. 즉 동물과 생물적인, 그리고 비생물적인 외부 세계와의 전반적인 관계에 대한 연구이며, 한걸음 더 나아가서는 외부 세계와 동물 그리고 식물이 직접 또는 간접적으로 갖는 친화적 혹은 불화적 관계에 대한 연구라고 볼 수 있다."[30] 이처럼 생태학은 자연을 다루는 학문이다. 그러나 생태학은 생물의 자연을 '관계'라는 측면에서 특수하게 바라보는 학문이다. 따라서 생태학이 곧 자연은 아니다.

생태학에는 지구를 지키려는 환경보호주의의 측면이 있고, 자연 안에 있는 인간과 다른 생물의 관계를 보여주는 철학의 측면도 들어 있다. 따라서 생태학에서도 환경 보전의 의미가 강한 환경보호주의는 과학으로서의 생태학과는 엄밀하게 구별되어야 한다. 건축도 마찬가지다. 환경보호주의의 측면만 강조하여 건축이 자연의 많은 부분을 다루어야 한다고 확대 해석해서는 안 된다.

건축이론가 데이비드 루이David Ruy는 「(이상한) 오브젝트로의 회귀Returning to (Strange) Objects」[31]라는 논문에서 오늘날 현대건축에서 건축 오브젝트가 필드field, 場로 크게 바뀌고 있는 것은 건축을 오직 콘텍스트의 관점에서만 바라보기 때문이라고 했다. 그는 이로써 건축 오브젝트가 소실되고 있다고 비판한다. 그런데 그는 건축이 상대하는 콘텍스트 중 가장 큰 콘텍스트는 자연이라고 해석한다. 그러나 이 자연이야말로 모든 물질과 현상을 다 포함하는 궁극의 환경이므로, 건축이 언제나 자연을 상대로 하여 논의하는 것은 건축 오브젝트 자체의 위기를 초래할 수도 있다고 지적한다.

건축의 역사에서 자연은 건축을 새롭게 하는 원천으로 작용해왔다. 그것은 고대건축, 르네상스 건축을 지나 근대주의 건축에 이르기까지 건축의 아름다움의 모형이고 합리적인 구축을 위한 근거가 되었고, 자연의 숭고함과 영원한 타자가 되었다. 건축은 자연에서 기하학, 비례의 원리를 발견했고, 형태와 기능의 관계를 유추했으며, 늘 주변과 콘텍스트의 원형으로 나타났다. 이처럼 자연은 건축에 대해 신비와 영감의 원천이었다. 그러나 현대건축에 이르러서 자연이 설계의 원점이 아니라, 비선형 형태, 프랙털fractal의 자기조직화, 유전의 알고리즘과 같이 자연에 대한 과학적 연구를 건축으로 바꾸어 해석하게 되었다.

오늘날에는 자연을 영감의 원천이나 신비의 배경으로 여기지 않는다. 오늘날 건축설계에서 일반적으로 자연을 대하는 범위는 점점 더 좁아지고 있다. 아주 작은 땅에 있는 몇몇 조건만 잘 지켜도 자연을 존중한다는 말을 듣는 현실이 되었다. 좁은 발코니에 화분 몇 개 놓고 자연이라 여기며, 채광과 환기만 어느 정도 되는 방에 살아도 자연과 더불어 산다고 여길 정도로 자연은 크게 축소되었다. 이런 현실에서 지구온난화와 환경 파괴의 큰 원인이 되는 건축물은 지속 가능한 설계를 위해 생태학을 도입하게 되었다.

생태학은 지속 가능한 건축설계에 당연한 것으로 여겨져 실무만이 아니라 윤리적 관점에서도 생태학적 방법을 주의 깊게 배우려고 하고 있다. 그러나 데이비드 루이는 생태학이 자연 안에 있는 다양한 관계성을 기술하는 것이라고 지적한다. 그 대신 생태계를 구성하고 있는 요소 자체는 가볍게 다루고, 생태계의 구성 요소가 생태계의 관계성을 위해 존재한다고 여긴다.

생태계의 영향을 받는 현대건축도 개별적인 오브젝트는 거대한 관계성의 네트워크 안에 놓이고, 겉으로는 표층적으로 보이는 것이라고 이해하고 있다. 건축가 스탠 알렌Stan Allen이 『장의 조건Field Conditions』의 첫 절 제목을 '오브젝트에서 장으로From Object to Field'라고 붙인 이유도 이런 배경에서 나온 것이다.[32]

그런데도 이 논문 전체에는 자연이라는 말이 나오지 않으며 자연과의 관련을 말하는 것이 목적도 아니다. 자연 속에서 개체를 무시하고 관계만을 중시하는 생태학의 이론과 평행하여, 건축과 자연 속에서 개체를 무시하고 관계만을 중시하는 현대건축의 새로운 측면을 논의하고 있기 때문이다.

자연과의 조화라는 허구

성경 속 에덴동산은 있는 그대로의 이상적인 자연이었다. 그러다가 인간이 죄를 범하여 그곳에서 쫓겨났고, 하느님은 인간이 생겨나온 흙을 일구어 살게 했다. 이렇게 하여 인간은 동굴을 찾은 것이 된다. 그렇다면 이 둘 중에서 어떤 건축을 선택할 것인가? 이상적인 자연인가, 동굴인가? 그러나 이것은 어느 하나를 선택할 문제가 아니다.

이렇게 된 인간은 두 가지 방법으로 엄중한 자연을 극복해낼 수 있다. 하나는 자연에 순응하는 방식이다. 이것은 사람의 의지가 전혀 개입하지 않은 자연 그대로, 어머니의 자궁과 같은 상태다. 다른 하나는 모든 자연환경 조건과 독립된 자기 충족적인 것을 만드는 것이다. 그러나 자연에 대한 서로 다른 태도 중 어느 것이 좋고 어느 것이 나쁜 것은 없다.

하나는 자연 속에 살면서 자연을 계속 지속시키려는 것이고, 다른 하나는 자연에 대한 인간의 의지를 나타내는 것으로 자연을 극복하며 산다는 것이다. 하나는 자연에 대한 순진한 생각일 수 있고, 다른 하나는 자연에 대한 오만함을 드러낸 것이라고 비판할 수 있다. 그러나 이것은 어디까지나 문화의 차이에서 온 것이다. 하느님은 사람을 이상적인 상태에서 내쫓을 때 그저 내쫓지 않고 가죽옷을 만들어 입혀주었다. 가죽옷은 자연 속에 살면서 자연을 극복하며 살게 해주었다.

자연과 관련하여 또 다른 문제가 늘 앞을 가로막고 있다. 자연에 순응했느냐 그렇지 않으냐에 따라 자기 건축 문화의 우월함이 결정된다는 주장이다. 일본 평론가 요시무라 데이지吉村貞司는 우리나라의 대표적인 정원인 창덕궁 후원을 보고 이렇게 말한 바 있다 "자연 그대로인 것을 정원이라 말할 수 있을까? …… 나는 이 명원 속을 거닐며 걷고 있다는 것을 잊었다. 너무나도 언덕 그대로이며 자연림 그대로다. …… 그것은 가쓰라桂처럼 주변을 걸으면서 나타나는 경관의 변화에 대한 즐거움이 없기 때문일 것이다. …… 산 자체는 아무리 경관이 수려해도 정원은 아니다. 일본인의 감각이다."[33] 그러나 한국인은 그렇게 생각하지 않는다. 오히려 한국인에게 일본 고유의 정원인 가레산스이枯山水는 '자연'이라기보다 '자연과 같은 것'이며, 자연을 긴장 속에서 재구성한 것이다.

이런 입장은 우리가 전통적인 건축을 해석하는 방식에서도 나타난다. 만일 아직도 한국 건축의 특징이 '자연과의 조화'에 있다고 여긴다면 반은 맞는 말이지만, 나머지 반은 대단히 틀린 말이다. 어떤 건축 역사책도 특정한 문화의 건축이 자연과 조화되었다는 식으로 시작하지 않는다. 문화마다 자연에 대한 적응 방식이 다를 뿐이며, 자연을 조금이라도 거스르지 않는 건축은 이미 건축의 의미를 잃어버린 것이다.

건축하는 사람은 건축을 공부하면서 건축과 자연에 대해 많은 것을 들어왔고, 자신도 자연에 가까운 건축을 하고 싶다고 늘 생각하기 때문에, 자연은 건축가의 손으로 얼마든지 순화되고 가꿀 수 있는 것처럼 생각하곤 한다. 그러면서도 건축하는 사람은 늘 자연을 찬미한다.

한국 건축은 이 세상 어떤 건축보다도 특별히 자연을 사랑하고 자연에 순응한 건축이라고 믿는다.[34] 한국 건축은 자연의 지세를 존중한 '자연과 조화한' 건축인데, 일본이나 중국은 그렇지 못했다는 것이다. 더 나아가 돌로 지어지고 땅에 굳건히 서 있는 안드레아 팔라디오의 로툰다 주택Villa Rotunda은 자연을 거스른 건축이고, 땅에 포복하듯이 몸을 낮추고 있는 경주의 독락당獨樂堂은 자연에 순응한 건축이라는 것은 건축 논의가 아니며 문화 우월성에 관한 단순한 논평에 지나지 않는다. 자연과의 조화를 이유로 다른 문화를 쉽게 단정하는 것은 독단적인 발상일 뿐이며, 21세기 글로벌 시대의 건축을 만드는 데 전혀 도움이 되지 않는다.

건축으로 자연을 사랑하고 자연에 가까워지려는 마음은 동양이나 서양이나 다 같다. 단지 접근하여 해결하는 방식이 다를 뿐이다. 어떤 문화는 자연에 대해 지배적이고 어떤 문화는 순응적이었다고 하여, 내가 사는 나라의 건축을 유리하게 생각하는 것은 위험하다. 얼음집을 짓고 사는 북극의 이누이트Innuit나, 나무 위에 올라가 사는 아프리카의 어떤 마을 주민이나, 게르Ger를 치며 살아가는 몽골 사람들이나 모두 제각기 자연에 열심히 순응하며 살아가고 있다. 인간은 토속적 건축 속에서 자연에 순응하는 방법을 배웠다. 그것은 다른 나라 다른 민족의 건축의 지역성을 단순하게 판단하지 말라는 뜻이다.

추상과 변화의 원천

사막의 사고, 숲의 사고
사막과 숲

건축은 풍토의 소산이요 자연의 소산이다. 건축 재료는 자연과 풍토로 결정된다. 집에는 중정이라는 또 다른 외부를 만들어 햇빛과 그늘, 비와 바람을 받아들이고 생활 공간을 보호한다. 그러나 오늘날과 같이 재료를 다른 곳에서 옮겨와 조립하지 않았던 시대에는 주변 땅에서 늘 손쉽게 얻을 수 있는 재료가 그 지방의 건물을 짓는 주요 재료였다. 건축은 땅에 대한 감각과 경험과도 뗄 수 없다. 건축은 자연에 대한 사고방식으로 지어지며, 그 사고는 문화적인 문맥 안에 있다.

세상을 바라보는 관점에는 세계가 영원히 계속된다는 순환적 세계관과 시작과 끝이 있다는 직선적 세계관이 있다. 모든 사람은 이 두 개의 세계관 중 하나에 지배되면서 일상의 행동이 무의식중에 규정된다. 직선적 세계관은 사막에서 생겼고, 순환적 세계관은 숲에서 생겼다. 이 두 개의 서로 다른 세계관은 '숲'과 '사막'이라는 자연환경에서 나왔다.[35] 그래서 세상을 보는 관점에는 '사막의 사고'와 '숲의 사고'가 있다.

사막이라는 환경에서 사는 사람들은 한 점에 머물지 않고 몇 킬로미터 앞까지 바라보며 넓은 생활 공간을 이동한다. 그러는 가운데 자기 자신이 항상 하늘과 땅의 중심 존재이며, 그 환경에서 천지만물이 하느님에 의해 창조되었다고 하는 추상적 일신교의 세계관이 생겨났다. 그 뒤에 유다교, 그리스도교의 세계관이 자라고, 자연은 인간의 손으로 관리된다는 생각에서 위에서 밑으로라는 조감적 시선을 갖게 되었다. 사막에서는 개체요소가 모여서 전체를 이룬다는 생각을 낳는다. 사막에서는 부분에 부분을 더해 봐야 달라질 것이 거의 없다. 사막에서는 위에서 내려다본 전체가 중요하고, 그 전체 안에서 어딘가의 부분이 어떤 위치에 있으며 어느 쪽을 향하고 있는지가 소중하다.

그런데 숲이라는 환경 안에서는 땅 위의 한 점에 정착하여 숲 위에 펼쳐진 얼마 안 되는 공간 속에서 하늘을 올려다본다. 30미터 앞도 안 보이는 숲속에서 헤매며 무릉도원을 찾기는 하지만 헤매는 것이 기본이다. 인간의 힘을 넘는 자연의 영성에 두려워하고 자기 존재가 작다는 것을 알게 된다. 그 산천초목에서 신들의 모습을 발견하여 범신론, 다신교의 세계관이 만들어진다. 인간은 자연보다 약하고 자연과 함께하는 존재라는 생각에서 밑에서 위로 향하는 시선을 갖게 된다. 숲에서는 지형 전체를 볼 수 없고 앞의 모든 사물이 꿰뚫어 보이지 않는다. 숲 안에서는 차례대로 나타나는 물체와 물체를 더해 가면서 더욱 큰 전체를 읽어가야 한다. 그래서 숲 전체를 알려고 하지 않고 스스로 알 수 있는 것만 알려고 한다.

신전과 사막

사막과 숲, 자연과 문화에 대한 사고를 이렇게 나누어본다면 건축은 자연에 대해 어떻게 반응하는 것일까? 사이먼 언윈Simon Unwin은 '신전과 오두막집'[36]이라는 말로 자연에 대한 태도를 간명하게 설명했는데, 각각 '사막의 사고'와 '숲의 사고'와 함께 생각하면 유익하다. 물론 여기에서 '신전'과 '오두막집'은 실제의 집이 아니라 관념을 의미한다.

먼저 '신전'은 땅을 고르게 하여 건물의 기초를 앉히고 기하학적인 방식으로 주변 세계와 구별 짓는다. 기후를 극복하려 하고 드러나는 자리에 위치한다. '신전'은 주변에 있지 않은 재료를 멀리서 들고 들어와 그 재료를 잘라 추상적이며 기하학적인 형태를 만든다. 이집트의 장대한 건축은 풍경landscape과 완전한 관계를 지녔다.[37] 기하학적 형태는 비길 데 없이 순수한 하늘과 평지인 사막과 대조를 이루고 산들의 바위 모습과 공명한다. 그래서 이집트 건축의 단순한 기하학적 형태는 부조나 조각한 상형문자를 제외하고는 깨끗하고 명확하며 장식이 없다.

'신전'이라는 개념의 건물 스케일은 사람 크기를 훨씬 뛰어넘어 그 안에 들어간 신의 조각상에 맞추어져 있다. 건물을 규정하는 모듈module은 오직 건물 크기에만 관련된다. 이 건물은 사람의 몸이 필요로 하는 바를 제공하는 데 있지 않다. 주변에 있는 다른 건물보다는 먼 산의 정상에 있는 성스러운 장소나 별, 떠오르는 태양처럼 멀리 있고 보통을 넘는 것과 관계를 맺는다. '신전'은 과거나 미래에 똑같이 속하여 세월이 흘러도 변치 않으며 시간의 흐름을 거스르려 한다. 이렇게 '신전'은 자연과 떨어져 따로 있으려 한다.

언원이 말하는 '신전'은 자연을 재현하기도 하고 자연을 추상화하기도 한다. 미술사학자 빈센트 스컬리Vincent Scully도 「건축: 자연과 인공Architecture: The Natural and the Manmade」[38]에서 '콜롬버스의 아메리카 발견 이전Pre-Columbian'과 그리스를 비교하며 자연과 관계하는 두 가지 방식을 보여주었다. 하나는 테오티우아칸Teotihuacán에 있는 달의 신전처럼 인간이 만든 구조물이 자연의 형상을 모방한 경우다. 이것은 그리스 문화권이 아닌, 세계에 가장 널리 퍼져 있는 인간과 대지의 기본적인 관계다. 시간이나 문화가 달라도 본질적으로 변하지 않는 태도다.

다른 하나는 그것이 자연의 형상과 대비를 이루는 경우인데, 유럽으로 대표되는 건축을 지배한 생각이다. 추상적이고 대립적인 그리스 신전은 우뚝 솟은 언덕과 대비를 이루며 관찰자에게 나타난다. 이것은 풍경 속 인간을 불러내는 것이다. 신전 앞의 열주랑은 그 안에 있는 신에게 언덕 꼭대기를 보여주려는 것이면서 언덕과 대비되는 신전의 모습을 풍경 속에서 보이게 하기 위함이었다. "이것이 운명과 자유, 자연과 사람이라는 고전 그리스 사고의 본질적인 구조가 되었다."고 말한다. 이 대비는 올림피아Olympia에서는 왕과 영웅의 시대로 돌아가는 것이었으며, 여기에서는 온화한 언덕이 제우스 신전의 배경이 되어 이를 감싸고 있었지만, 아테네 아크로폴리스는 민주주의를 향한 것이었고 풍경 속에 솟아 있었으며 땅과 오래된 모든 방식에서 벗어나 자유로이 솟아올랐다.

고대 로마는 이와 달랐다. 가장 중요한 장소에 선 프라이네스테 Praeneste, 지금은 팔레스트리나에 있는 포르투나 프리미게니아 Fortuna Primigenia는 산비탈에 서서 사방을 내려다보며, 여기에서 나오는 물은 신전의 테라스를 따라 그 밑에 있는 농토를 적셔주었다. 언덕에서 시작하여 점점 확대된다. 꼭대기에 제우스 제단이 있고 이를 반원형이 감싸며 공간을 담고 있다. 사람들은 신전이 땅과 바다의 모든 세계라고 여기고 경사로를 따라 그곳까지 올라간다. 그리고 신전은 이를 다스리듯이 사방을 내려다본다.

스컬리는 고대 로마 신전은 모든 것이 여기에 있어서 더 갈 데가 없으며, 따라서 닫혀 있고 질서가 잡혀 세상을 보는 고대 로마 사람들의 의식을 나타낸다고 말한다. 그들에게 자연과 건축은 모두 그들의 내부였다. 이는 17세기에 이르러 데스테 주택 Villa d'Este에서 계속 나타났다. 이곳에서는 물을 밑에서 퍼 올려 거룩한 경사면을 따라 다시 밑으로 흘러보낸다. 이렇게 자연에 대한 고대 로마 신전의 사고는 계속되었다.

오두막집과 숲

한편 사이먼 언원이 말하는 '오두막집'은 '숲의 사고'를 따른다. '오두막집'은 고르지 않은 땅을 그대로 받아들이고 그 위에 그대로 앉으며, 여러 방법으로 주변 환경에 맞춘다. 집의 형태도 땅의 조건을 따른다. 풍경과 따로 떨어지지 않으며 집의 벽은 마당의 벽이 되어 주변으로 확장될 수 있다. '오두막집'은 신이 아니라 그 안에 사는 사람과 동물을 위한 것이며, 기후에 대항하기보다는 기후에 반응하여 빗물을 흘려보내려고 급한 박공지붕을 만들고, 나무가 있으면 그것으로 보호받을 수 있는 자리에 집을 위치시킨다.

'오두막집'은 주변에 있는 것을 재료로 사용하지만 때에 따라서는 채석장에서 나온 돌을 쓰기도 한다. 집의 크기는 사람의 몸에 맞추고 사람의 몸이 필요로 하는 바를 제공한다. 난로가 있고 앉을 곳이 있으며 잘 곳을 만든다. 전체 형태는 정해져 있지 않고 시간의 흐름을 받아들인다. '오두막집'은 주변으로 확장하여 인간을 수용하고자 하며, 덧붙여지고 삭제되는 과정을 위해 불완전하고자 한다. 집을 만드는 재료는 녹이 쓸고 풍화하기를 받아들이고 사는 사람의 나이와 함께 깊어진다. 돌에는 이끼가 끼고 식물은 자기 식대로 자라며 벽에 균열을 내기도 한다. 이렇게 '오두막집'은 자연 속에 박히려고 한다.

이런 '오두막집'이라는 개념은 여러 건축가에게서 발견된다. 오스트리아 건축가 아돌프 로스Adolf Loos는 「건축Architekur」이라는 에세이에서 산속의 호수와 개인과 자연이 합일된 상태를 이렇게 말한다. "산속의 호숫가로 안내해드릴까요? 하늘은 푸르고 물은 녹색이며 모든 것이 평화롭습니다. 산과 구름은 호수에 비치고, 집과 농장과 교회당도 호수에 비칩니다. 이들은 인간의 손으로 지어지지 않았다는 듯이 그렇게 서 있습니다. 또 산과 나무와 구름과 푸른 하늘처럼 하느님의 작업장에서 만들어진 듯이 서 있습니다."[39] 호숫가의 농가는 인간이 개입하지 않고 완전한 조화를 이루는 자연에 대한 환유換喩다.

정원에는 자연에 대한 생각이 잘 드러나 있다. 자연은 정원에서도 대립적인 두 가지 형식으로 나타난다. 바로크 시대 이후 유럽식 정원은 크게 둘로 나뉐었다. 하나는 프랑스의 기하학적 정원이고 다른 하나는 영국의 풍경식 정원이다. 르네상스 이후 14세기부터 16세기에 걸쳐 만들어진 이탈리아식 정원과 17세기의 프랑스식 정원은 모두 기하학적 정원이라고 부른다. 베르사유 궁전의 정원으로 대표되듯이, 전체적인 투시도법의 세계와 장대한 축을 따라 기하학적으로 정돈된 끝없는 정원은 밖을 향해 무한히 열려 있다. 이 정원은 "바깥쪽의 지평선을 향해 둘러앉은" 인간의 정신이 자연을 지배한다. 꽃들은 축과 격자를 따르고 나무도 똑같은 높이로 깎이고, 미로를 만든다.

그러나 풍경식 정원은 벽으로 에워싸인 정원이 아니라 풍경이 된 정원이다. 자연적이며 불규칙적이고 건축은 단편이 되어 나타난다. 사물이 부분적으로 파악되며 불규칙한 곡선과 균질하지 않은 장소로 구성되어 있다. 풍경식 정원에서는 자신이 미약함을 느끼고 변하는 시간의 흐름을 체험한다. 17세기와 18세기 사이에 유럽 사회는 동적으로 움직이기 시작했고 바로크 시대의 위계적 질서가 붕괴하면서 건물은 단편화되어 자연 속에서 흩어지게 되었다. 예술은 풍경화처럼 자연의 근원적인 상태를 재현해야 했다. 이 때문에 건축은 폐허가 되어 자연으로 되돌아가는 상태, 자유로운 모습을 취하게 되었다.

자연에 대한 서로 다른 태도는 늘 이렇게 양분되어 나타나는 것일까? 그렇지 않다. 실제의 신전도 '오두막집'의 개념을 가질 수 있고, 실제의 오두막집도 '신전'의 개념을 가질 수 있다. 건축에서 자연은 지형으로, 형태로, 재료로도 나타난다. 아테네 아크로폴리스에 있는 에레크테이온Erechtheion은 평면이 불규칙하고 서로 다른 지형에 맞추어 지어져 있다. 스위스 건축가 페터 춤토어Peter Zumthor의 구갈룬 주택Gugalun House은 평면과 외부 형태가 기하학적이며 비탈진 지형을 건축적으로 해결했다. 그렇지만 증축하기 이전의 주택을 구성하는 나무는 불규칙하고 기하학적으로 정밀하지 않다. 여기에 증축된 부분은 이전 주택과는 달리 건축적으로 해결했다. 그럼에도 이 두 부분은 여전히 자연에 가까이 있다.

나무와 숲
나무, 모방과 기원

나무로 건축의 출발점을 생각하는 건축가가 많았다. 독일 건축가 오스발트 마티아스 웅거스Oswald Mathias Ungers가 건축 형태의 유형이 나무의 그루터기에서 시작하여 예술적 단계로, 또 인간화하는 단계로 이전되었다고 주장한 것도 예술과 형이상학적인 형태가 자연에서 시작한 것이라는 뜻임을 앞에서 설명한 바 있다. 안토니 가우디도 자연은 나의 스승이라며 나무가 땅에서 자연스럽게 자라듯이 건축도 그렇게 만들어져야 한다고 말했다. 그러나 이러한 생각은 새로운 것이 아니며 아주 오래전부터 있었다.

인간은 자연을 모방하며 건축을 생각해왔다. 그중에서 특히 나무는 건축에 대한 매우 복잡한 의미를 낳는 원천이 되었다. 때문에 건축에서 '나무'란 무엇인가 하면 쉬울 것 같지만, 그것이 주는 여러 의미는 그리 쉽지 않다. 먼저 나무의 그루터기에서 성장하는 과정을 통해 기둥의 의미를 생각했다. 나무줄기와 원기둥은 비슷하다. 이것은 건축구법이 어디에서 기원했는가를 묻는 것이다. 또 다른 한편으로 나무는 하늘을 받치는 기둥이다. 이것은 자연적인 것을 인공적인 것으로 비유하는 표현인데, 이렇게 나무는 세계 창조 신화를 말한다.

한 그루의 나무는 하나로 전체를 대표하는 고전주의, 보편주의, 관념론, 구축주의와 깊이 관련되어 있다. 한 개의 나무에 주목하면 고전주의적 사고로 이어진다. 수직적 요소에서 보편적 원리를 찾고자 하는 입장이다. 이것은 구축적이다. 배흘림기둥에 흥미를 보이는 것도 구축적 사고에 속한다.

고대 로마 건축가 마르쿠스 비트루비우스 폴리오Marcus Vitruvius Polio는 건축의 기원에 대하여 자세히 적지는 못하고 있다. 그러나 그는 인류가 야수와 같이 살고 있었을 때 그들은 숲이나 동굴에서 살고 야생의 것을 먹고 살았을 뿐이라고 말했다. 그러다가 나뭇가지가 바람이 불어 마찰하면서 불이 생기고 그것이 사회와 문명의 기원이 되었다고 말한다. 불을 공유하기 위해 언어와 집단이 발생하고 정보와 기술 교환이 일어났다는 것이다. 그리고 그는 목木구조에서 어떻게 돌石구조로 변환하였는지 상세하게 논의했다. 그런데도 이상한 점은 있는 그대로의 나무에 대해서는 아무런 말이 없다는 것이다. 그는 나무를 구축의 수단으로 본 것이다. 자연은 인간이 능동적으로 착취하는 대상에 지나지 않았다.

이처럼 건축이 나무를 잘라 집을 짓게 되었다는 비투르비우스의 주장은 곧 구축의 행위다. 이어서 나무 등의 식물장식이 등장하는 것은 구축 행위로 사라져버린 식물을 원상복구하기 위한 것이었다. 따라서 고대 그리스 건축의 장식은 이와 같은 나무 기원설에서 나온 구축 행위와 직접 관련된 것이다. 그런 까닭에 이들은 나뭇잎에서 기둥의 주두柱頭를 생각하기도 했다.

그중에서도 비트루비우스가 전하는 코린트식 주두가 왜 생겼는가 하는 설명은 이를 반증해준다. 코린토스Corinth 시민인 한 소녀가 죽었을 때 그녀의 묘 앞에 유품을 갖다 놓았는데, 그 바구니 옆에서 아칸서스가 자라는 것을 보고 코린트식 주두에 아칸서스 잎을 장식하게 되었다는 것이다.[40] 델포이Delphoi의 아폴로 신전의 것으로 추정되는 아칸서스 기둥은 아예 기둥 자체가 나무의 줄기와 잎으로 되어 있는데, 이로써 죽음의 의식儀式과 재생을 함께 의미하게 되었다.

프랑스 건축사가 마르크앙투안 로지에Marc-Antoine Laugier도 1753년 출간된 『건축시론Essai sur l'architecture』에서 원초의 인간은 비바람으로부터 자신의 신체를 지키기 위해 은신처를 만들게 되었는데, 그것은 자립하는 원기둥과 그것에 걸쳐진 엔타블레이처entablature와 지붕인 페디먼트pediment로 이루어졌다는 것이다. 이는 그리스 고대건축이 본래 목조 건축, 곧 자연을 모방한 것임을 증명하는 것이다. 또한 프랑스 건축가 에티엔루이 불레Étienne Louis Boullée가 "예술로 이해되는 것이란 자연을 모방하려는 모든 것이다."라고 말했듯이, 이 도판은 건축의 '단순함'을 자연에 연결하는 고전주의적 사고의 기본이 되었다.

또한 자연은 순수함과 완전함의 이상형으로 여겨진다. 프랑스 건축가 클로드니콜라 르두Claude-Nicolas Ledoux는 쇼의 이상도시Ideal City of Chaux에 들어가는 여러 시설을 다룬 자신의 저서 『예술·습속·법제의 관계에서 고찰한 건축L'architecture considérée sous le rapport de l'art, des moeurs et de la législation』[41]에 '가난한 자의 은신처L'abri du Pauvre'라는 이상한 도판을 한 장 실었다. 가난한 사람이 나무 그늘에 앉아 있고, 그가 앉아 있는 곳은 지평선의 벌판이다. 그러나 비바람이 몰아치는 험한 자연이 아니라 하늘의 신들이 구름 사이로 나타나는 아르카디아arcadia의 풍경 속이다. 이것이 이 사람에게 주어진 모든 것이다. 물론 이렇게 묘사된 자연은 루소가 말하는 순수함의 기원origin이 되는 자연이다.

숲, 타자의 장소

건축의 또 한 진영에서는 '숲'을 자연의 신비한 감각과 이성의 총체로 여기기도 했다. 건축을 숲의 원풍경으로 파악하면 낭만주의 사고로 이어진다. 숲이 생길 때 한 그루만으로는 그렇게 크게 자라지 않는다. 옆에 있는 나무와 서로 경쟁하며 자라게 되어 있다. 그래서 숲은 집단적 표상이며 집합적 표상이다. 또한 이것은 생성적이다. 수많은 나무가 있는 숲으로 유추하는 것은 전형적인 생성의 사고방식으로 구축적인 것이 아니다.

숲과 같은 기둥 공간이 있다. 나무는 매개자이고 하늘과 땅, 공기와 덩어리를 잇는 나무는 세계와 우주를 통일해주는 것이다. 하나의 거대한 나무는 우주이고 땅 위 전체를 덮고 있다. 따라서 이것은 생명력을 나타낸다. 이집트 신전의 대추야자 기둥, 연꽃 기둥, 파피루스 기둥, 로터스 기둥lotus column 등 여러 가지로 구성된 다주실多柱室은 일종의 숲이었다.

또한 숲은 게르만적인 원풍경이었다. 18세기 말에서 19세기 초까지 낭만주의 건축 안에서 고딕 대성당은 숲에 비유되었다. 고딕 대성당 안의 열주 등이 숲을 재현했다는 것이다. 이러한 생각은 프랑스의 건축 이론 중 특히 로지에의 합리주의 이론에 대항한 것이다. 더 나아가 이들은 고딕건축은 피어나는 꽃이고 식물 안에 있는 비밀스러운 생명과 힘의 유동을 나타냈다고 주장했다. 고딕건축은 식물적이고 요소는 무한히 반복된다. 그리고 회중석, 측랑은 가로수의 공간과 같다고도 느껴졌다.

이런 숲의 사고가 더 전개되어 자연을 인식하는 방법 또는 자연의 시각적인 관계가 현실로 실천된 경우를 '풍경風景, landscape'이라 부른다. 이를테면 크리스토퍼 허시Christopher Hussey가 18세기 정원의 한 현상이었던 픽처레스크picturesque를 두고 '회화적인 것을' 보는 것이 아니라 '회화적으로' 보는 것이라 했을 때, 그것은 자연을 어떻게 인식하는가 하는 문제에 관한 것이었다.[42]

이탈리아 건축가 세바스티아노 세를리오Sebastiano Serlio는 비극과 희극의 무대배경으로 저택, 창, 문, 발코니 같은 건축적인 요소를 투시도법에 맞추어 그렸다. 그는 비극, 희극, 풍자극을 위한 세 개의 무대 배경을 고안했다. 열주나 페디먼트가 있는 비극용, 발코니나 창이 있는 희극용, 자연 풍경을 배경으로 한 풍자극을 위한 것이 그것이다. 비극용에는 고전건축이 있는 마을의 모습이 그려져 있으며, 희극용에는 평민이 사는 중세풍의 일상 공간이, 그리고 풍자극에는 숲의 전원 풍경이 그려져 있다.

왜 풍자극에는 숲의 경관, 숲으로 이루어진 자연이 그려져 있을까? 왜 숲인가? 풍자를 하려면 도시가 아닌 곳, 고전이나 중세의 질서로부터 벗어난 곳, 도시라는 인공의 세계로부터 떨어진 곳이라는 사고를 보여주는 것 아니겠는가. 숲은 자유이며 반질서이고 반도시를 의미하는가?

숲에는 외관이 없다. 따라서 하나의 커다란 경계도 없다. 그 안에 작은 영역, 작은 장소가 연쇄적으로 놓여 있다. 숲에는 벽이 없으나 무언가로 계속 이어진다. 따라서 숲은 의미 있는지 알 수 없는 무언가가 계속 이어지며, 안과 밖이 분명하지 않고 연속하는 어떤 공간의 상태를 말한다. 숲은 의미를 알 수 없는 것이라 할지라도 하나하나의 장소가 가치를 가지고 있다고 여기게 되는 곳이다. 그래서 실제로 숲은, 나무와 같은 공간은 공간의 유동성을 나타내고, 건축의 안과 밖이 연속되는 공간을 연상시킨다.

숲에는 나무만 있는 것이 아니다. 숲은 다종다양한 생명체가 연쇄를 이루고 있다. 따라서 숲속에서는 장소가 한 곳에 모여 있지 않고 흩뿌려져 있다. 숲은 사람에게 필요한 분위기나 정보를 주기도 하는데, 그렇다면 숲은 사람만 위해 있는 것이 아니다. 숲에는 수많은 동물이 있다. 이것은 숲이 사람을 둘러싸고 많은 타자他者가 있음을 뜻하는 공간의 원형이 된다는 말이다. 숲은 그 자체가 밖이다. 밖에서 속에 있는 작은 장소를 찾아간다고 생각한다. 그러면 안에 있으면서 밖을 향해 여는 것이 아니라, 열린 곳을 전제로 닫아간다고 생각한다.

숲은 편안한 마음으로 자유로이 산책하는 곳이다. 정해진 경로가 없다. 정해진 경로가 없으니 숲은 미로 또는 우연한 사건이 일어나도록 유보하는 것이다. 전체는 파악되지 않으므로 부분에 충실하다. 나무와 나무 사이로, 잎과 잎 사이로 뚫린 구멍을 통해 그다음에 무엇이 전개되는지 암시하고 탐색한다. 숲에 있는 나무 모두가 잘 생겼다고 생각하지 않는다. 큰 나무도 있고 이보다는 작은 나무도 있으며, 이것들이 모여 여러 쓰임새와 빛과 바람과 생명체를 분산시켜 준다. 작은 지각적 단서를 가지고 자신의 지각을 넓혀가는 곳이다.

흔히 '책의 숲' '지식의 숲' '정보의 숲'이라는 표현을 쓰는데, 왜 그럴까? 마치 책으로 둘러싸인 숲속에 온 것 같은 느낌을 받으며 방대한 양의 다양한 서적에 둘러싸인 기분을 대신 표현한 것이다. 건축을 만드는 것은 숲을 만드는 것이라고 할 때 그 이미지는 어떻게 달라질까? 숲은 나무, 정원, 물의 흐름 등 자연적인 것을 이미지로 그리게 된다.

숲이라고 많은 나무를 함께 생각하는 것은 아니다. 일단 선택한 숲의 한자리에는 또 다른 가능성이 있으므로 하나의 나무 뒤에 또 다른 나무의 무리가 기다리고 있다고 여긴다. 그러므로 한 그루의 나무라도 그것이 또 다른 '숲'으로 작용하는 예기치 못한 현상에 주목한다. 마치 숲에 들어가 그다음 경로를 살피듯 빛이 어떻게 잎 사이로 비치는지, 수면에는 어떤 느낌으로 부유의 감정을 불러일으키는지 살핀다. 자연 뒤에 살펴보아야 할 또 다른 자연의 모습이 있을 것으로 여기고 이를 발견하려고 한다.

나무에게 배우는 것

장식과 구조
아주 오래전부터 건축은 식물의 모양과 아름다움 그리고 섭리를 배웠다. 특히 나무와 건축 사이에는 오래전부터 관계가 있었다. 아주 먼 옛날 건축의 개념이 없던 시대에 식물은 건축에 대해 절대적인 입장에 있었다. 선사시대에서 오늘에 이르기까지 건축에서는 나무나 식물이 주로 장식을 목적으로 사용되어왔다. 고대 이집트나 그리스 건축에서는 식물이 아주 중요한 요소였고, 그때부터 시작된 식물은 바로크와 로코코의 식물 장식을 거쳐 근대에까지 계속 이어졌다. 기원전 1400년 사암으로 만들어진 룩소르 사원Luxor Temple의 파피루스를 주두에 사용한 기둥은 가장 오래된 나무 모양의 기둥 중 하나다.

유명한 장식적 특징으로 나무를 사용한 예는 아칸서스 잎 모양을 한 고대 그리스와 로마 시대의 코린트식 기둥이다. 중세 이전 이슬람 건축에서도 기하학적으로 복잡하고 풍부하게 장식된 식물이 보이고, 특히 바로크와 로코코 시대에도 아름다운 나무나 식물을 모방한 장식이 많이 나타났음은 잘 알려져 있다. 식물을 현대건축에 넣는다면 르 코르뷔지에의 사보아 주택 옥상정원이 될 것이다. 그런데 이 옥상정원은 플랜트 박스Plant Box에 지나지 않는다. 그리고 거대한 호텔이나 사무소 건축의 아트리움은 식물원을 방불케하는 식물들로 내부 공간이 장악되었다.

그러나 나무의 형태에 매료된 건축가들은 장식을 위해서만이 아니라 구조의 관점에서도 나무를 중요한 관찰 대상으로 삼았다. 한국이나 중국, 일본 목조 건축의 공포栱包 구조는 전형적인 나무의 가지가 이루는 역학적 관계를 닮았다. 유럽의 중세 대성당에서도 나뭇가지 모양의 구조가 등장했다. 근대의 아르누보Art Nouveau는 식물의 곡선을 그대로 건축으로 옮겨 건축의 요소가 마치 인공적인 식물처럼 느껴지게 했다. 특히 이 식물과 꽃의 형태는 주철로 만들어졌다. 또한 같은 시기에 구조적인 형태와 힘의 평형을 응용한 나뭇가지 모양의 구조를 한 건물이 구축되었다. 그리고 나무의 복잡한 구성을 단순한 유클리드 기하학Euclidean geometry과 쌍곡선의 기하학적 형태로 추상화하여 철근 콘크리트를 이용해 버섯 모양의 구조를 만들었다.

안토니 가우디는 식물을 연구하여 자신의 건축에 반영했다. 그는 "식물은 아름답다. 그리고 그 아름다움을 형성하고 있는 뿌리, 줄기, 가지, 잎과 꽃 등은 식물이 될 수 있기 위해 충분하게 기능하고 있다."며 건물의 특별한 구조 해결을 나무에게서 배웠음을 보여주었다. 오늘날에는 나무로 대표되는 식물을 두고 식물의 형태에서 얻는 이미지, 식물이 주는 의미, 식물의 기하학, 식물로 빗대 부분과 전체라는 식으로 바라보지 않는다. 오히려 가우디와 비슷한 입장이다.

한 그루의 나무에서 형태의 세계, 아름다움의 질서를 발견하기도 했다. 다쉬 웬트워스 톰슨D'Arcy Wentworth Thompson은 생물의 성장에 대한 개념을 구축한 저명한 영국의 생물학자다. 그는 『성장과 형태On Growth and Form』[43]라는 책에서 생물 형태의 신기함을 다양하게 분석하고 설명해주었다. 한 장의 나뭇잎이 성장하는 과정에서 놀라운 형태의 변용을 볼 수 있고, 지나치고 보면 무질서해 보이는 형태 안에 여러 가지 법칙과 질서와 원리가 잠재되고 내재되어 있음을 보여주었다. 어떤 조개의 구조는 피보나치 수열 fibonacci sequence 같은 성장 곡선을 더듬게 하고, 해파리는 마치 양동이 물에 잉크 방울이 떨어지는 것처럼 확산된다. 단풍의 씨는 파리 날개와 아주 똑같다.

일본의 메타볼리즘Metabolism은 식물을 기계로 보았다. 메타볼리즘은 1960년대 일본의 젊은 건축가 그룹이 전개한 건축운동인데, 신진대사를 뜻하는 메타볼리즘이라는 이름에서 알 수 있듯이 사회 변화나 인구 성장에 맞게 유기적으로 성장하는 도시나 건축을 식물에도 비유했다. 때문에 그들의 건축은 연속적이며 기하학적인 디자인을 식물화한 것이기도 했다. 한가운데는 줄기처럼 축을 이루고 그것에 바뀔 수도 있는 부분을 부가하는 형태로 제시했다. 그러나 이러한 메타볼리즘도 가능하다면 표면적을 적게 하여 경제성과 성능을 중시하는 기계의 이미지를 벗어나지 못했다.

나무와 잎은 건축의 부분과 집합의 구조적 관계를 나타낸다. "나무는 잎이고 잎은 나무다. / 주택은 도시이고 도시는 주택이다. / 나무는 큰 잎이고, 잎은 작은 나무다." 이것은 알도 반 에이크의 유명한 말이다. 사실 나무는 큰 잎이 아니며 잎은 작은 나무도 아니다. 그러나 형태의 구조가 닮아 있다. 나무의 줄기와 가지의 위계적인 구조가 외관상으로는 잎몸, 잎자루, 턱잎의 구조를 닮아 있다. 이 때문에 나무와 잎의 관계는 부분과 전체의 관계가 되고 주택과 도시의 관계가 된다.

나무의 안정

나무는 비유적으로 사용하면 숲과 같은 공간을 만들어낸다. 스페인 세비야에 지은 메트로폴 파라솔Metropol Parasol•은 라미네이트로 만든 목재를 가지고 워플 구조로 짠 거대한 나무를 시각적으로 은유한다. 오늘날에는 나무에 비유하여 설계하는 경우가 많아졌다. 나무 밑에 사람들이 모이듯이, 거대한 지붕 밑은 지역의 공공장소가 되어 출입을 자유롭게 한 설계가 많은데, 이는 나무라는 자연이 주는 공간적인 자유를 강하게 느끼게 한다. 나무는 도시 안에 잃어버린 자연을 다시 되찾는 의미를 담고 있다.

나무에 비유하는 것은 땅 위에서 신체를 가지고 사는 사람의 경험을 나타내기도 한다. 나무는 정적이고 움직이지 않으며 그 자리에 묵묵히 서 있는 안정된 사물이다. 커뮤니티를 이루며 사는 사람도 이런 나무처럼 묵묵히 자기 몸으로 직접 경험하여 살아가기를 바라는 마음을 나타내고 싶어한다. 나무는 한 지역에서 살아가는 사람의 몸과 마음을 대신 나타내준다. 건물은 자연이 아니지만 나무를 통해 구조적으로 안정되어 있고 일상생활에 안정감을 주는 역할을 한다.

부처는 한 그루의 보리수 밑에서 깨달음을 얻었다. 나무 밑에서는 눈을 감게 될 정도로 마음의 안정을 얻는다. 상쾌한 푸름이 있는 가지의 흔들림, 곧바로 서 있는 힘찬 줄기, 파란 하늘을 향해 떠 있는 당당함에 사람들은 감탄하고, 더운 날에는 나무 그늘에서 시원함을 찾고, 때로는 나뭇잎이 내는 음악을 들으며, 비가 올 때는 그 밑에서 비가 그치기를 잠시 기다린다. 나무가 하는 일은 집이 하는 일과 거의 같다.

21세기의 건축은 한 그루의 나무를 대할 때, 나무란 주변의 환경에 영향을 받으면서도 자기를 상대적으로 규정한다는 입장을 취한다. 나무는 복잡한 모양을 하고 있다. 그것은 환경에 영향을 받으면서 그렇게 규정받기 때문이다. 하나의 나무는 옆에 있는 나무와 늘 무언가 관계를 맺고 있다. 식물의 모양이 복잡한 이유는 태양이나 바람, 땅과 물과의 관계 때문이지 그 자체가 다른 이유에서 기인하는 것은 아니다.

오늘날의 건축은 자연 식물을 두고 식물이란 과연 어떻게 존재하고 있는가, 자연 식물은 지형을 어떻게 만들고 있는가, 한 그루의 나무가 아니라 군을 이룰 때 식물은 어떻게 움직이고 생명 작용을 하는가를 직접 묻는다. 이것은 근대건축이나 그 이전의 건축 또는 1960년대의 메타볼리즘이 다루지 못한 식물, 생물에 대한 관점이다.

오늘날의 건축이 생각하는 식물은 이를 테면 다음과 같다. 식물은 움직이지 않은 채 혼자 서 있다. 건축도 식물처럼 움직이지 않는다. 식물은 중력에 대항해 서 있지만, 동시에 땅에서 영양분을 흡수하고 자란다. 식물은 약한 존재인데도 비와 바람, 더위와 추위를 견디면서 성장한다. 건축물도 식물과 똑같이 땅에 뿌리를 내리고 비와 바람, 더위와 추위를 견디면서 미래를 향하고 있다.

나무의 작동

건축하는 사람은 자신이 자연을 사랑한다고 하면서도, 속으로는 자기가 설계한 건물을 위해 나무가 있다고 생각한다. 나무 모양으로 건물을 장식하고 나무로부터 구조법을 배운다고 해도, 나무쪽에서 보면 나무는 우리를 위해 있는 것은 아니다. 나무는 중력을 이기고 땅에서 물을 올려 잎에서 만든 영양분을 골고루 분배하느라 분주하게 움직이는 생물이다. 나무는 인간에게 그늘을 주고 안정감을 주지만, 그렇다고 인간의 건물을 잘 지을 수 있는 논리에 비유해서 생각해보라고 그곳에 서 있는 것이 아니다. 나무는 나무로서 자신의 존재가 따로 있다.

건축은 본래 자연을 배제하여 성립하는 인공물이다. 건물과 아무 상관없이 따로 심겨 자라던 나무가 모여 숲을 이룬다. 이는 따로 지은 건물이 모여 마을이 되고 도시가 되는 것과 똑같다. 식물에는 씨앗을 내고 곤충이나 새를 통해 유전자를 다른 곳으로 이동시킬 줄 아는 지혜가 있다. 이와 비슷하게 건축물도 토목, 조경, 자동차, 인터넷과 같은 미디어를 통해 다른 곳에 있는 건물과 이어지기도 한다. 숲은 인터넷과 닮은 데가 있다. 이렇게 식물로부터 건축이 군을 이루며 존재하는 방식을 배울 수도 있다.

20세기에는 건축이 기계적인 것을 모델로 삼았다면, 21세기의 건축은 생명체의 메커니즘mechanism을 모델로 삼아, 무기질의 기하학이 아니라 '생명과 같은 건축'을 지향하려고 한다. 생물은 어떤 제약을 받으면 자기가 어떤 형태를 만들어야 하는지 고민하는데, 건축도 커다란 환경의 일부이고자 이러한 생물의 작용을 눈여겨보고 있다. 건축물은 땅 위에 서 있는 인공물이지만, 건물의 바닥을 지구의 표면을 늘이는 것으로 해석한다.

나무는 홀로 있지 않다. 나무는 주위에 있는 환경의 영향을 받으며 자기를 지켜간다. 이웃하는 다른 나무들과 관계를 맺고 자란다. 나무는 당연히 해와 바람, 땅과 물과의 관계에서 자라나고 존재한다. 건물도 홀로 있지 않고 주위의 복잡한 환경 시스템, 이웃하는 다른 건물과의 관계 속에 놓여 있다. 나무는 자기 자신의 분명한 생성 원리를 가지고 합리적으로 주변 환경에 대응한다. 이전에는 나무의 줄기와 가지를 부분과 전체의 위계적인 질서를 입증하는 논리로 사용했지만, 이제는 줄기와 나무가 똑같은 생성 원리에서 생겼다고 본다. 21세기 건축은 이런 사고에 바탕을 둔다.

식물은 몸 안에서 발생하는 노폐물을 적절히 배설하며 생명을 유지하고, 겨울에는 나뭇잎을 떨어뜨려 몸의 에너지를 최소한으로 줄인다. 봄이 되면 태양에서 받은 빛이나 열로 성장해간다. 건축과 식물은 똑같이 외부에 반응한다. 식물은 시간이 지나면서 환경에 대해 적극적으로 대응하지 않고 착실하게 성장해간다. 건물도 식물과 똑같이 천천히 나이를 먹어간다. 식물이 해가 갈수록 존재감이 있는 식물로 변하듯이 건축도 그렇게 변해간다. 나이를 먹은 건축은 낡아가지만, 건물이 낡아간다고 꼭 이상한 것은 아니다. 전통 건축과 토속 건축이 증명하듯이, 오래된 건물은 낡아감으로써 더 존중받을 수 있다.

식물은 움직이지 않을 것 같지만 실제로는 항상 움직인다. 나팔꽃의 줄기는 덩굴손처럼 생장하면서 다른 물건을 감아 올라간다. 이를 회선운동回旋運動, plant circumnutation이라고 하는데, 몇 밀리미터만 움직이는 식물도 있고 10센티미터 이상 움직이는 식물도 있다. 식물이 회선운동을 하는 목적은 자라고 진화하는 과정에 필요한 정보를 수집하기 위해서다. 회선운동은 주변의 환경에 순응하고 시간의 변화와 밀접한 관계성을 갖기 위함이다.

나무란 무엇인가? 영국 식물학자 에드러드 존 헨리 코너 Edred John Henry Corner는 이렇게 말한다. "나무는 블록 구조의 다세포 식물로 요약할 수 있다. 중력을 지각하여 공기 속에서 자라며, 어린 가지에 빛을 비추고, 긴 시간에 걸쳐 위를 향해 성장한다. 흡수하고 공급하는 부분은 잎이며 가는 뿌리지만, 모두 한정된 시간에 지속된다. 나무는 성장하고 있는 끝에서 새로워지며, 이 끝은 갈라지면서 오래된 줄기나 뿌리 부분과 이어진다. 오랜 부분에서는 흡수와 뻗음이 멈추지만, 이차적으로 두꺼워져서 나무껍질로 보호된 지지하는 부분과 액체를 통과시키는 도관으로 발달한다. 나무는 자라나는 끝의 방향, 안쪽 조직의 목질화木質化, 목질부에서 위로 올라가는 물의 흐름, 유관속維管束을 조직하는 사관篩管 안에서 아래로 흐르는 영양분, 신생 조직의 계속적인 성장으로 조직된다. 살아 있는 세포의 표피 활동으로 죽은 목재의 부하가 증가하는데도 나무는 계속 살아 있다."[44]

이런 설명을 길게 들으면 무엇이 상상되는가? 적어도 녹지를 옥상에 만드는 것이 자연을 생각하는 전부가 아님을 반성하게 한다. 또 나무는 건축이 더 근본적으로 무엇을 해야 하는지 생각하게 한다. 인공물인 건물이 환경 사이에 있는 경계를 가능한 제거하고, 건물과 환경이 서로 이어지는 것이 환경과 공생하는 건축이다.

건축이 이렇게 되기 위한 모델이 나무와 생물에 있다. 자연 안의 식물과 지형은 어떻게 되어 있는지, 나무 하나하나가 아니라 군을 이룬 숲은 어떤 생태계를 이루는지 시야를 넓히지 않으면 안 된다. 생물학자는 이와 같은 환경과 공생의 원리를 발견할 수 있다. 그러나 건축가는 이 원리에 따라 시대에 필요한 사물을 만들 수 있다.

건축가의 자연

프랭크 로이드 라이트와 자연 원상

프랭크 로이드 라이트Frank Lloyd Wright가 설계한 '낙수장Fallingwater'•은 자연인 숲에 둘러싸여 자연과 조응하는 주택이다. 이 주택은 계곡 사이를 흐르는 베어 런Bear Run이라는 이름의 냇물이 작은 폭포로 변하는 그 위에 몸을 얹고 있듯 세워져 있다. 낙수장은 암반에 놓인 채 숲에 가려 잘 보이지 않다가, 숲을 지나 집을 감아돌며 잘 보이지 않는 동굴과 같은 입구로 들어오게 되어 있다. 다시 암반 위에 있는 거실에서 나와 낮은 계단을 타고 내려가면 냇가에 손이 닿는다. 평면도의 벽체는 거의 냇물 반대쪽에 놓여 있다. 도면은 나무와 암반과 냇물의 흐름 없이는 성립되지 않는다.

이 주택은 공간적으로도 아름답다. 그러나 이 주택의 아름다움은 그것이 놓인 장소에 있다. 낙수장은 미국 근대사회가 만들어낸 별장의 원형이다. 거부인 낙수장의 건축주는 카우프만 백화점의 주인인 에드거 카우프만Edgar J. Kaufmann이었다. 그는 주말에 휴가를 보내기 위해 별장이 필요했다.

베어 런의 작은 폭포 소리를 들으며 사는 건축주의 이상은 미국인의 마음속에 있는 자연의 원상原象이었다. 이 주택은 피서지의 별장이 아닌, 자연의 따뜻함과 엄격함을 맛보기 위한 것이었다. 이것은 헨리 데이비드 소로Henry David Thoreau의 1854년 소설 『월든Walden』에도 나오듯이 개척 생활에서 직면하는 이상적인 자연이었다. 『월든』에서 소박한 생활의 중심은 난로였다. 마찬가지로 낙수장의 거실도 숲으로 둘러싸인 채 난로에 둘러앉아 살아간다는 이상적 감정을 그대로 내부에 투영하고 있다. 거실 바닥은 있는 그대로의 암반 위에 놓여 있다. 이것은 숲속의 바위 위를 직접 몸에 두고 살고 싶다는 미국인의 이상을 상징한다.

소로는 기계문명의 상징인 도시를 떠나 월든 숲으로 들어가 숲속 호숫가에 조그마한 오두막집을 짓고 2년간 살았다. 그는 문명사회를 떠나 마치 개척자처럼 원시생활을 하며 자연환경에 대처해간다. 그는 숲에는 나무와 풀만 있는 것이 아니라 무수한 생명체가 있고, 그 안에 사는 인간은 자연과 유기체이며 인간과 자연은 생명체로 결속되어 있음을 『월든』에서 토로하고 있다. 소로는 숲에서 사는 생활을 이렇게 묘사했다. "건강하고 순진한 귀에 아름다운 음악이 들리지 않을 만큼 거센 폭풍도 없었다." '낙수장'의 삶은 소로의 이러한 숲 생활을 동경한 듯이 보인다.

'낙수장'이라는 이름이 그러하듯이 이 별장의 핵심은 폭포였다. 베어 런의 흐름이 커다란 바위 사이를 두 단, 세 단의 폭포가 되어 떨어지는 모습은 이 주택의 꿈이었다. 라이트는 이런 자연의 꿈을 동경하는 건축주에게 이렇게 편지를 썼다. "당신은 이 폭포에 흠뻑 빠져 계시지요? 그렇다면 왜 몇 마일이나 떨어진 곳에 별장을 지으려고 하시는지요? 폭포가 그리도 좋은 것이라면 그곳까지 걸어가셔야 하지 않겠습니까? 왜 당신은 폭포와 함께 살고 싶어 하지 않으세요? 당신이 언제나 폭포를 보고, 폭포를 듣고, 폭포를 만질 수 있는 곳에서."

이 편지에서 라이트는 카우프만의 별장을 폭포 근처가 아닌, 폭포 위에 짓겠다는 생각으로 나타내고 있다. '낙수장'에서 사는 것은 "폭포를 보고, 폭포를 듣고, 폭포를 만질 수 있는 곳"에서 "폭포와 함께 사는 것"이다. 이것은 치열한 미국 근대사회가 낳은 자연 속의 이상적 주거였다.

미국 건축가 루이스 설리번Louis Sullivan의 뒤를 이은 라이트는 자연이나 생명체를 모델로 하는 건축을 '유기적 건축organic architecture'이라고 했다. 이것은 기계를 건축의 모델로 삼는 르 코르뷔지에 등의 유럽 기능주의 건축과 대립한다. 그는 자연이야말로 건축가가 배워야 할 대상이며, 건축은 자연에서 배우는 인간의 유기적인 생활을 반영하는 전체적인 것이어야 한다고 생각했다. 생활의 본질은 건축의 씨앗과 같은 것인데, 지연 속에는 유기적으로 성장하는 것으로 가득 차 있다. 줄기에서 가지가 뻗어나가듯이, 건축이라는 구조물은 인간이 본래부터 지니고 있는 요구에 따라 성장하게 해준다는 것이다. 그러려면 건축은 재료의 본성을 이끌어내야 하고, 내부 공간도 있는 그대로의 풍경에 솔직하게 호응해야 한다. 이러한 건축의 본성이 아름다움의 원천이다. 이렇게 될 때 장식적 허세는 사라지고 시의 영역에 이를 수 있다.

또한 라이트는 미국의 대지와 민주주의가 진정한 건축을 만들어주는 토대라고 보았다. 때문에 그의 '유기적 건축'은 자연과 민주주의의 건축이었다. 라이트는 스스로 땅을 가는 사람만이 진정으로 자립하는 인간이라고 보았다. 그의 설계공방인 '탈리에신 Taliesin'은 함께 살고 함께 경작하며 건축을 설계하는 이상적인 공동체로 자연 속에 지어졌다.

르 코르뷔지에와 자연의 건축화

르 코르뷔지에의 사보아 주택은 지면에서 떨어져 있으며 멀리서도 잘 보인다. '낙수장'과 전혀 다르다. 주택의 평면도는 건축물 자체에 한정되어 있고, 마치 기선이 물을 헤치고 나가듯이 초원 위에 자동차 길이 나 있는 한 장의 스케치 말고는, 건물이 어떻게 자리 잡고 있는지 잘 알 수 없다. 작품집에는 단지 이 지대가 비가 많고 습기가 많은 곳이었으며, 인공의 대지를 만들어 건조한 공기와 빛과 그림자가 비치는 지중해적인 자연을 건축적으로 만들어내야 했다는 설명만 있다. 그런데 건축주는 자동차를 타고 이 주택을 향해 직진해 들어온다. 그리고 입구에 들어와서는 점차 위를 향해 상승 운동을 한다.

사보아 주택은 비일상적인 용도로 쓰인 낙수장과 달리 건축주가 살아가는 장소였다. 코르뷔지에는 이 주택을 다음과 같이 설명한다. "이 빌라는 고정관념에 얽매이지 않은 건축주, 곧 현대식도 아니고 그렇다고 구식도 아닌 건축주를 위해 아주 단순하게 세워졌다. 건축주는 숲으로 둘러싸인 초지에 상당히 좋은 밭을 가지고 있었으며, 시골에서 살고 싶어 했다. 이들은 30킬로미터 떨어진 파리를 자동차로 왕복하고 있었다."[45] 이 글의 골자는 이 주택이 파리라는 도시에 대해 말하고 있으며, 도시를 떠나 자연에 은거하는 주택이 아니라 자동차로 왕복하며 사는 일상적 주택이라는 것, 그렇지만 도시의 번잡함을 벗어나 조용하게 지내고 싶어 하는 주택이라는 것이다. 이 주택은 은거하기 위한 주택이 아니라 생활이 전개되는 전용 주택이었다.

사보아 주택은 고대 로마 시인 베르길리우스Vergilius의 꿈을 담은 전원주택이다. "대지는 완만하게 올라가 있는 잔디다. …… 주택은 바닥에 떠 있는 상자다. …… 과수원을 내려다보는 목초지의 한가운데에 있다. …… 평면은 순수하고, 필요에 맞게 정확하게 만들어져 있으며, 프와시Possy의 시골 풍경에 걸맞게 놓여 있다. …… 거주자들은 이 아름다운 시골에서 '전원 생활'을 찾고자 높은 옥상정원이나 연속창이 나 있는 네 면을 통해 조망을 맛볼 것이며, 일상생활은 베르길리우스의 꿈속에 자리 잡을 것이다."[46] 이 주택은 목초지 한가운데에 있으며, 시골의 풍경과 전원 생활이 강조되어 있다.

그렇지만 이 문장에는 전원의 이상이 독립된 물체 또는 기하학적인 입체와 함께 번갈아 나타난다. '상자' '순수한 평면' '연속창이 나 있는 네 면' 등 독립된 입체와 그 안에서 이루어지는 생활이 목초지와 함께 전원의 이상을 만들어낸다. 넓은 초지 안에 독립된 기하학적인 입체는 자연을 받아들이고 베르길리우스의 꿈을 실현하는 방식이다. 코르뷔지에는 자신의 전작집에 숲 사이로 하얀 입체가 보이게 의도적으로 찍은 사진을 실었는데, 자연과 기하학 그리고 베르길리우스적인 감흥을 나타내기 위해서였다.

그의 '근대건축의 다섯 가지 요점'은 건축과 자연의 관계다. 과거에는 러스티케이션rustication으로 거칠게 마감된 벽면이 건물과 정원을 연결했으나, 필로티는 기둥으로 건물을 들어 올려 땅을 연속시킨다. 정원은 건물과 떨어져 있었지만 옥상정원에서는 풍경이 건축이라는 틀 속에 들어오고 자연은 하늘과 집을 연결해준다. 수평창도 바깥의 자연을 내부에서 최대한 볼 수 있게 해준다. 그러나 그중에서 가장 유명한 옥상정원이 땅에 있던 정원을 대신할 수 없을 정도로 깊이가 없고 빈약하다는 점이다.

그런데도 코르뷔지에는 옥상정원의 자연을 계속 제안했다. 그의 1919년 모놀형 주택Maisons Monol은 돔이노Domino 형과 달리, 파리 주말 주택에서 볼 수 있듯이 수평적이고 자연적인 재료로 바닥에서 볼트 지붕으로 이어져 있었다. 1929년 베이스테기Appartement de M. Charles de Beistegui 옥상정원의 일광욕장은 나무가 그 주변을 단순하게 장식하고 있으며 생울타리를 파라펫으로 사용하는 등 자연을 건축적으로 바꾸었다. 생울타리로 만든 벽은 전기 장치로 움직이면서 도시를 내려다보게 하고, 도시를 가려 정원 위에 있는 하늘만을 바라보게도 해주었다. 한편 1952년 유니테 다비타시옹의 옥상정원에서는 유난히 높은 파라펫으로 주변 도시를 가리고, 저 멀리 있는 산을 옥상정원에 닿게 만들었다. 탁아소 근처에 있는 비스듬한 벽, 구멍 난 덩어리, 독립 원기둥 등은 서로 떨어져 있으면서도 고대 그리스의 폐허 풍경을 연상하게 한다.

베르길리우스의 꿈을 담은 사보아 주택에서 실현한 자연의 이상은 자연에 대한 르 코르뷔지에의 다양한 태도에서 나왔다. 그는 계몽주의자처럼 고대를 동경하고 아르카디아의 이미지에 바탕을 둔 자연주의 입장을 취했다. 자연은 조화와 통일의 이상적인 모습이므로 자연과 도시의 관계를 나뭇잎과 나무의 이미지와 같은 것으로 보았다. 잎의 구조와 나무의 구조가 서로 닮았다는 점에서 잎은 나무로 성장한다는 것이다.

자연에 대한 그의 이상은 독특한 구성법인 '건축적 산책로promenade architecturale'에서 실천되었다. '산책로'는 숲속을 거니는 산책로처럼 장면의 변화를 건축 구성으로 통합하려는 것이었다. '산책로'라는 말도 자연의 풍경을 연상시킨다. 도시 레벨에서는 '300만 명을 위한 현대도시'에서 볼 수 있듯이 자연이 산업사회에서 상실된 인간성을 되살리는 것으로 보았다.

후기에는 더 적극적으로 자연을 건축적인 방법으로 만들어 냈다. '건축적 풍경architectural landscape'이란 이런 방식으로 건축과 자연이 통합되어 만들어진 풍경을 말하는데, 건축적 풍경의 대표적인 작품은 찬디가르의 주지사 관저 앞의 인공적인 정원이다.[47] 정원이라고는 하나 땅을 파고 길을 만들어 주변 몇 동의 건물을 조성하기 위해 건축적인 방법으로 지형을 만들었다. 베이스테기 옥상정원에서 건축적 요소가 자연을 묘사하고 있다면, 찬디가르 주지사 관저에서는 건축이 자연의 형태를 자극하고 있다.

루이스 바라간과 정원

루이스 바라간Luis Barragán은 자연 안의 건축을 실현한 건축가다. 그는 건축이 인간을 위해 자연을 정원으로 받아들여야 한다고 보았다. 대단한 자연이 "인간의 크기로 축소되어" 있는 정원은 오늘날의 도시 속에서 어렵게 살고 있는 현대인에게 더할 나위 없는 안식처가 된다. 한 평의 자연스러운 땅을 얻기도 어려운 현대인에게 정원을 소유한다는 것은 언제나 행복한 일이다.

그는 이렇게 말한다. "정원을 만들 때 건축가는 자연의 왕국을 협력자로 초대한다. 아름다운 정원에는 언제나 자연의 위엄이 존재한다. 그렇지만 정원 안에서 자연은 인간의 크기로 축소되고, 공격적인 현대생활에서 가장 효과적인 안식처로 바뀐다."[48] 정원은 건축이 자연과 만나는 곳이며, 자연이 건축에 들어와야 하는 가장 큰 이유는 다름 아닌 인간을 위해서라는 것이다. 그가 말하는 자연은 인간의 흥미를 자극하기 위한 것이 아니었다. 그는 자연의 위엄과 본성이 정원에 들어옴으로써 현대생활에서 잃어버린 안식처를 인간에게 되돌려줄 수 있다고 보았다.

바라간은 두 가지 방식으로 건축과 정원에 자연을 도입했다. 하나는 자연과 융합하는 것이고, 다른 하나는 자연과 건축을 대비시키는 것이다. 바라간은 건축을 설계할 때 지세를 예민하게 관찰하고 그렇게 해서 구획된 정원을 개인의 영역으로 만들어갔다. 프랭크 로이드 라이트는 언덕이나 건물 모양이 서로 닮거나 건물을 둘러싼 재료가 땅에 연속해 있음을 강조했다. 그러나 바라간이 바라보는 자연을 건축과 비슷하게 바꾸어놓지는 않았다.

하르디네스 델 페드레갈Jardines del Pedregal•은 약 2500년 전 화산이 폭발해 검은 용암으로 뒤덮인 진기한 풍경으로 가득 찬 곳인데, 풍부한 자연에 둘러싸인 페드레갈의 어떤 부분은 자연과 인공이 강한 대비를 이루고 있다. 루이스 바라간은 이 자연에 최소한의 손질만을 가함으로써 자연과 건축의 관계를 다양하게 보여주고자 했다. 용암 사이에 부드러운 잔디를 심고 용암의 윤곽은 매우 조심스럽게 놔두거나 강한 기하학적 입체를 두어 자연이 전체를 결정하게 했다. 이렇게 해서 다듬어진 자연은 초현실적이며 비일상적인 감정을 불러일으킨다.[49]

자연이란 시간 속에서 변화할 뿐이며 따라서 신성한 것이다. 그렇기 때문에 자연은 인위적으로 조작하거나 변형할 수 없다. 바라간은 그대로 방치한 자연으로 그의 자택 정원을 만들었다. 나뭇가지는 이리저리 뒤엉켜 있고, 정원은 있는 그대로의 나뭇잎 그림자로 덮여 있다. 바라간 자택의 거실에서는 건축과 자연의 경계가 명확하다. 거실 전면을 채우는 거대한 유리창은 네 변이 프레임 없이 벽에 묻혀 있으며, 가운데의 십자형은 극단적으로 가늘게 되어 있다. 정원으로 나가는 문은 왼쪽 벽 옆에 따로 나 있어 거실에서는 자연과 대면한다. 낙수장처럼 내부의 움직임을 테라스로 끌고 나가지도 않으며, 르 코르뷔지에처럼 끊임없이 외부를 내부로 밀고 들어오게 하지도 않는다. 그만큼 자연은 신성하고 위엄 있는 존재이며, 자연은 인간의 영역과 구분된다고 보았다.

바라간 주택의 옥상정원에서는 자연과 건축의 대비가 더욱 극단적으로 나타난다. 이 옥상은 4-5미터 정도 되는 높다란 벽으로 둘러싸여 있다. 이 옥상에는 깊이 드리운 그늘과 하늘만이 가득 차 있다. 이 옥상은 네 면이 벽으로 둘러싸인 채 오직 하늘과 대면하고 있어 마치 자연과 대면하는 거실 같다. 자연과 대면하고 있는 것은 자신을 되돌아보고 묵상하는 자기의 신체다. 코르뷔지에에의 베이스테기 옥상정원이 인공과 대비된 자연을 '묘사한' 것이자 자연을 향한 일종의 '관능적인 놀이'라면, 바라간 자택의 옥상정원은 자연을 인공과 대비하여 드러내고 있다.

멕시코시티 근교에 있는 주택 라스 아르볼레다스Las Arboledas의 '물 마시는 정원'*은 말을 탄 채 거니는 정원이다. 이 정원은 흰 벽과 푸른 벽, 기하학적으로 엄격한 직선이 긴 땅을 따라 흐르는 분수가 땅에 윤기를 더해주고, 푸른색의 벽으로 시선을 이끈다. 바라간의 정원은 이것으로 끝나지 않는다. 일직선으로 길게 뻗은 분수 위로 나무가 비쳐 기하학과 자연의 경계를 모호하게 만든다. 흰색의 높은 벽에는 유카리 나무의 그림자가 인공적인 벽을 부드럽게 보여준다. 인공 요소는 자연을 끊어내지만, 자연은 그 대비를 완화해주고 있다.

루이스 칸은 자연을 진지하게 생각하는 바라간의 건축을 진심으로 존경하며, 자연이 내밀하게 둘러싸여 있는 바라간의 자택을 이렇게 묘사한 바 있다. "멕시코에서 나는 건축가 바라간을 만났다. 나는 자연과 친밀한 관계를 맺고 있는 그의 작품에 크나큰 감명을 받았다. 그의 집에 있는 정원은 사적인 벽으로 높게 둘러싸여 있으며, 바라간이 이 집터를 발견했을 때처럼 땅과 나뭇잎은 손대지 않은 채 그대로 간직되어 있다. 정원에는 샘이 있었는데, 물이 나오는 곳에서 샘물은 썩은 나뭇조각 위로 떨어져 가볍게 춤추다가 테두리까지 찰랑찰랑하게 가득 찬 회색이 박힌 검은색 돌 수반으로 한방울씩 떨어진다. 그리고 샘물 한 방울 한 방울이 은빛 고리를 이루며 테두리까지 퍼졌다가 다시 땅에 떨어진다. 이 검은 그릇에 차 있는 물은 이런 길을 택한 것이다. 곧 산골짜기에서 흘러내린 물이 빛을 받으며 바윗덩어리를 지나 깊숙이 가두어진 곳에서 물의 은빛이 드러나게 되는 길을. 그는 물에 대해 배웠고, 가장 사랑하던 것을 선택한 것이다."[50]

인간은 자연 속에 건축을 세우지 않을 수 없다. 그렇지만 건축이 자연을 파괴하는 것이 아니라 그 일부가 되어 자연을 아름답게 드러낼 때, 비로소 우리는 건축을 통해 자연을 소유하게 될 것이다. 아르볼레다스의 '물 마시는 정원'에 서 있는 흰 벽 그리고 그 것에 비친 나무 그림자는 바로 이런 자연의 감각을 드러내고 있다.

알바 알토와 숲 공간

알바 알토Alvar Aalto는 건축 내부에 또 다른 자연을 담으려 했다. 예를 들면 핀란드의 전형적인 풍경을 담은 1939년 뉴욕 만국박람회 핀란드 관Finnish Pavilion이나 1939년 마이레아 주택Villa Mairea* 내부가 그 대표적인 예다. 특히 알토에게 숲은 건축적 상상력을 불러일으키는 원천이었다. 마이레아 주택의 입구에서 바라보는 장면은 알토 건축에서 내부가 얼마나 외부의 자연을 참조하고 있는지를 잘 보여준다. 알토의 건축은 지형과도 공명하고 있는데, 1959년 메종 루이 카레Maison Louis Carré는 땅의 자연스러운 기복에 대응하기 위해 단면으로 조형했다.

한때 덴마크 저널리스트가 도시는 어떤 것이어야 하느냐고 물어보았을 때 알토는 이렇게 대답했다. "사람은 집에서 일터까지 숲을 지나가야 합니다." 이 말은 핀란드에는 이처럼 숲이 많다는 말이 아니다. 이 대답은 사람이 사는 도시에서 숲을 지나 집과 일 터로 가는 것, 집과 일터로 가는 과정, 곧 집과 일터의 '사이'를 말하는 것이다. 도시라고 하면 집, 도로, 차가 있는 전체가 아니라 그런 숲을 일상 속에서 체험하며 가지고 있는 환경이 도시라는 것이었다.

알토에게 건축은 숲이나 농지를 바꾸어놓는 것이 아니었다. 오히려 건축은 숲이나 농지 모두를 보충하는 것이었다. "땅의 여러 부분은 하느님이 의도한 것처럼 사용되어야 한다. 좋은 숲은 좋은 숲인 채로, 좋은 농지는 좋은 농지인 채로 남겨두어야 한다."[51] 숲이란 실제로 거기에 있는 숲이기도 하고, 건물 내부에서 은유적으로 결합된 것이기도 하며, 특수한 장소가 나타내는 것이기도 하고, 또 건축적 개념이기도 하다. 각각에 차이는 있어도 숲의 사고는 알토의 모든 작품에서 중심적인 존재였다.

핀란드 건축가 유하니 팔라스마Juhani Pallasmaa는 핀란드 사람이 공간을 사용하는 방법을 '숲의 기하학'이라고 규정한 바 있다. "나무들과 숲에 싸인 채 보호되고 있다는 기억은 오늘날의 세대에까지 존재하고 있다." 숲은 핀란드 사람들에게 아주 오래전부터 상상력의 장이었고 마음 깊은 곳에 있는 세계를 만들어주었다. 숲은 핀란드 사람들의 마음속에서 안전과 평화고 두려움과 위험이 함께 소용돌이치는 것이었다.

알토의 건축 공간에서는 평면이 자유롭고 구조가 변화로 풍부하다. 내부 공간은 빛으로 가득 차 있고 전체는 자연의 풍경을 환기시켜 준다. 이러한 그는 핀란드의 전통과 자연을 인간적으로 해석한 뛰어난 건축가로 잘 알려져 있다. 알토에게 자연이란 어떤 것이었을까? 그는 이미 1926년 「문간에서 거실로From the Doorstep to the Common Room」라는 글에서 "그것은 지붕 아래에 있는 바깥을 상징한다."고 말한 바 있다. '지붕 아래에 있는 바깥'은 내부에 전개되는 외부적인 성격의 방을 말한다.

그가 설계한 대표적인 주택인 마이레아 주택 거실에는 기둥과 같은 요소들이 많다. 한가운데 있는 검은 기둥을 두 개로 쪼갠 다음, 이것을 다시 등나무로 묶되 눈높이에 해당하는 중간 부분에서 일부만 묶었다. 이는 시선이 기둥에 집중되는 것을 피하려는 의도였지만, 그 기둥 옆에 난로를 향해 앉은 사람의 스케일에 맞추기 위해서이기도 했다. 계단 옆에 있는 가느다란 부재는 마치 바깥의 숲을 거닐 때 바라보게 되는 나무들처럼 배열되어 있다. 이 수직 요소는 바깥쪽 마당 풍경을 안까지 끌고 들어온다.

이것은 입구에 들어올 때도 마찬가지다. 곡면의 캐노피canopy와 측면에 붙은 작은 나무 부재는 입구를 바깥 숲이 연장된 것처럼 보이게 한다. 입구를 지나 거실에 들어오면 내부가 또 다른 숲속에 들어온 듯한 느낌을 준다. 창가 기둥, 계단 옆 기둥, 음악실 기둥 등 기둥이 많은데, 그것을 감싸는 등나무의 모양과 위치가 모두 달라서 기둥의 숲처럼 느껴진다. 거실 주변은 숲을 지날 때처럼 사람이 머무는 곳에 공간이 형성되었다가, 움직이면 또 다른 공간으로 이동하는 느낌을 준다.

미술사학자 예란 쉴트Göran Schildt는 나무둥치 또는 작은 못이나 호수, 구불구불한 형태와 핀란드의 풍경 사이에서 은유적인 연상이 일어나는 공간을 '숲 공간forest space'이라고 불렀다.[52] 문자 그대로 북유럽의 숲에 있는 땅나무, 바위, 덤불 사이를 헤매는 공간적인 경험과 관련된 공간이다. 이것은 치치품 프로젝트Tsit Tsit Pum Project[53]에서 알토가 제안한 것과 같은 공간 구성에 해당된다.

숲에는 사물이 하나로 묶이지 않는 수많은 부분이 집적되어 있다. 마찬가지로 '숲 공간'은 '작은 사람'의 작은 공간이 주변으로 이어지며, 건축을 비위계적으로 조직한다.[54] 정사각형인 거실 천장은 폭이 좁은 나무로 계속 잇대어 있지만, 바닥은 여러 재료로 나뉘어 있어 거실에는 단 하나의 중심이 없다. 거실에 있는 물체는 동등하게 결합되어 있어서 시선이 이 물체에 닿으면 다시 좌우로 분산된다. 여러 재료가 병치되어 있어서 미스 반 데어 로에의 바르셀로나 파빌리온Barcelona Pavilion의 벽면처럼 시선을 특정 재료에 집중시키지 않는다. 그래서 몸이 자리를 바꿀 때마다 중심이 생긴다. 전체에 대해 부분이 동등하게 참여하고 있기 때문이다.

알토의 '숲 공간'은 실제 숲과 함께 지각된다. 외부의 실제 숲과 내부의 '숲 공간'이 동등하다. '숲 공간'은 자연의 숲처럼 나뉘기 전에는 전혀 다른 것이었는데, 나뉜 다음에는 등가되어 외부를 내부화하는 공간이다. 이는 프랑스 철학자 모리스 메를로퐁티Maurice Merleau-Ponty가 『눈과 정신The Primacy of Perception』에서 프랑스 화가 앙드레 마르샹André Marchand의 말을 빌어 한 숲과 나무의 관계와 비슷하다. "숲속에서 나는 몇 번이나 숲을 본 것이 내가 아니라고 느꼈다. 나무가 나를 바라보고 있고 나는 말을 걸고 있다고 느낄 때도 있었다. 나는 그곳에 있었다. 귀를 기울이면서. 화가는 세계로 관통되어야지 세계를 관통해야 한다고 생각해서는 안 된다."[55] 내부의 '숲 공간'이란 이런 곳이다. 이것은 르 코르뷔지에의 정해진 경로를 따라 움직일 때 나타나는 건축적 볼륨과 물체를 지각하는 '건축적 산책로'와 다르다.

미스 반 데어 로에의 중립적인 틀
더 큰 전체를 보기 위한 틀

미스 반 데어 로에의 특징적 표현 방법 중 하나는 몽타주montage 다. 1921년 프리드리히슈트라세 고층 건축Friedrichstrasse Skyscraper 설 계 경기에서 그랬듯이, 몽타주는 주변 도시 경관과 대비를 보여준 다. 몽타주는 당시 도시 프로젝트에서는 빈번하게 사용된 방식이 었으며 주변 환경과의 관계를 의도적으로 보여주기 위한 수단이 었다. 그러나 미스의 도시 몽타주는 주변의 문맥을 잇기 위한 것 이 아니었고 번화한 도시 공간을 창출하기 위함도 아니었다. 몽타 주에는 사람과 차도, 자기가 설계한 건물과 주변에 있는 건물 모 두 똑같이 동등한 사물로 등장한다. 그 결과 주변 도시를 무시하 고 있다고 보일 정도로 무관심하고 냉정한 태도를 나타낸다.

미국으로 건너간 다음에도 미스의 몽타주 기법은 일련의 중 정 주택 프로젝트를 비롯하여 계속 사용되었다. 다만 이전에는 도 시의 외부에서 바라보는 것이었으나, 미국에서 계획한 건물의 몽 타주는 건물의 '안에서' 바라보는 풍경으로 바뀌었다. 이것은 완 벽한 자기 건물을 '통하여' 다른 사물을 바라본다는 의도에서 나 온 것이다. 그는 이렇게 건물을 통해서 바깥의 자연을 보는 것이 건물을 통해 자연이 더 큰 전체의 일부가 되는 것이라고 보았다.

미국에서 처음으로 설계한 프로젝트인 레조 주택Resor House 계획에서도 몽타주 기법을 사용했다. 멀리 보이는 와이오밍 Wyoming산의 원경이 유리 프레임을 통해 중성적 오브제가 되어 나타난다. 몽타주 화면의 앞에 있는 회화나 가구의 일부는 중성 적 표면으로 표현했다. 그러나 외부 풍경을 건물 안에서 바라본 다는 점에서는 변함이 없다. 이 주택의 몽타주에는 바닥과 천장 도 없다. 오직 유리벽과 가느다란 기둥만 있다. 다른 주택의 몽타 주에도 하얀 천장과 바닥에 가느다란 선으로 격자가 그려져 있어 시선은 프레임을 통해 바깥 자연만 인식하게 했다. 그 뒤 1942년 계획한 '작은 도시를 위한 미술관 계획'에도 피카소의 〈게르니카 Guernica〉와 조각 작품이 자연 풍경과 함께 몽타주되어 있다.

프리츠 노이마이어 교수는 미스의 원형적인 장치를 '보기 위한 틀'[56]로 보았다. 그러나 미스가 자주 강조한 '거의 아무것도 없음Beinahe nichts'이 증명하듯이 틀 이외는 거의 모든 것이 지워졌다. "나는 내 건축물들이 중립적인 틀이 되도록 노력합니다. 그 안에서 인간과 예술작품이 자기의 삶을 살아가도록 하는 것이지요. 그렇게 하려면 사물에 대한 경외의 자세가 필요합니다." "마찬가지로 자연도 자신에게 주어진 삶을 살아야 한다고 생각합니다. 우리가 해서는 안 되는 일은 여러 가지 색으로 칠한 집과 실내 장식으로 자연을 훼손하는 일입니다. 우리가 노력해야 하는 것은 자연과 주택 그리고 인간이 더 큰 차원의 통일을 이루는 것입니다. 판즈워스 주택Farnsworth house의 유리 벽면을 통해서 자연을 내다보면, 밖에서 볼 때와는 달리 자연에 더 깊은 의미를 부여하게 됩니다. 이로써 자연은 우리에게 더 많은 이야기를 하게 되고 더 큰 전체의 부분이 됩니다."[57]

미스의 건축에서는 제일 먼저 자연과 건물과 사람이 대등하다. 미스의 건물 안에서는 중립적인 틀을 통해 밖을 내다본다. 밖에서 건물을 보는 것이 아니다. 그러면 자연은 "더 큰 전체의 부분"이 된다. 건물을 통해 사람이 자연을 바라볼 때 자연은 '더 큰 전체'의 일부가 된다고 보았다. 이것은 인간이 그 환경 세계, 곧 자연과 인간을 초월한 존재神와 깊은 관계가 있을 때 사람은 비로소 만족할 수 있다고 본 미스의 생각을 나타낸다. "자연은 우리에게 더 많은 이야기를 하게 된다."는 말은 이런 의미다. 르 코르뷔지에도 창을 통해 영화적으로, 또는 은유적으로 풍경을 자주 잘라냈다. 그러나 그것은 사물靜物과 인체와 자연과 건물을 하나로 통합하기 위해서였다는 점에서 미스의 방식과는 전혀 다르다.

그림 위를 덮는 유리

투겐트하트 주택Villa Tugendhat•에서는 실내가 유리벽을 지나 외부의 자연으로 연속되어 공간 전체가 외부로 열려 있는 듯이 보인다. 투겐트하트 주택의 거실 동쪽에는 열대식물이 있는 이국적 정서의 온실을 두었다. 이 온실의 유리는 거실에서 보면 그 자체가 유리로 된 깊이 있는 벽처럼 보인다. 이 유리벽은 식재가 있는 온실과 그것을 통해 보이는 바깥의 정원이 겹쳐 보이는 유리벽이다. 내부와 자연은 그만큼 거리를 두고 있다. 거실에는 이 온실에 직교하며 오닉스onyx 벽이 서 있다. 이 벽은 온실의 유리벽과 동등하다. 오닉스 자립벽이 구축된 장식이라면, 온실의 유리벽에 겹쳐 보이는 자연도 장식된 면이라 할 수 있다.

만프레도 타푸리와 이탈리아 건축사가 프란체스코 달 코Francesco Dal Co는 이와 같은 투겐트하트 주택의 두 벽의 관계를 이렇게 분명히 말했다. "반제주택Wannsee과 후베주택Hubbe을 설계하는 동안 미스도 주변과의 관계라는 문제를 해결했다. 자연은 가구의 한 부분이며, 만져도 알 수 없게 멀리 있을 때만 즐길 수 있는 스펙터클이었다. 내부와 외부의 상호 침투는 환상적인 것으로 취급되었다. '세 개의 중정 주택'에서와 같이, 자연은 아무런 문제없이 포토몽타주로 치환되어 있으며 응시의 대상이 된다. 주위와 자연의 관계는 인위적인 구축으로 치환되는 듯이 보일 정도로 혼란스럽게 만든다. 반면에 자연은 어쩔 수 없이 시각적인 환상이 되고, 하나의 그림 이상의 가치를 갖지 못하고 만다. 미스의 유리벽은 그림 위를 덮는 유리가 되어, 보는 이를 보이는 대상에서 분리하는 한 가지 방법이 되었다."[58]

이 문장은 미스의 건축이 자연을 어떻게 다루고 있는지를 아주 잘 나타낸다. 미스도 "주변과의 관계라는 문제"를 다루었으며 이를 자신의 방법으로 해결했는데, 그것은 자연을 "가구의 한 부분"처럼 다루었다는 것이다. 이는 독일에서 계획한 도시 몽타주에서 사람과 차도, 자기가 설계했거나 주변에 있는 건물이 모두 동등한 사물로 등장했다는 뜻이다. 이 자연은 스펙터클하게 나타나지만, 알바 알토나 루이스 바라간의 건축처럼 자연에 가서 만지고 신체로 접할 수 있는 촉각적인 것으로 대하지 않았다는 뜻이다. 미스의 그것은 늘 환상적인 것으로 나타나며, 자연은 주택의 '보기 위한 틀'로 바뀌고 만다. 그래서 자연은 보는 이와 분리된다.

주위의 자연을 유리벽을 통해서 본다. 그러나 자연과 직접적으로 교류하지 않고 시각적인 일루전으로 끊어내고 분리한다. 유리벽은 불투명한 벽만큼이나 자연과 교류할 수 없게 시선을 가로막는다. 창과 자연이 일체되어 있기는 하지만, 현실에서 떨어져 나간 자연으로 바꾸어 인식하게 만든다. 이것이 건축과 자연을 통합시키는 미스의 독특한 방식이었다.

미스의 바르셀로나 파빌리온은 재료를 구축적으로 번안해 내부에 건축적 풍경을 만들었다. 이 건물의 공간은 유동적이지만, 그렇다고 어떤 시점에서 어떻게 보이는가를 중요하게 생각한 것은 아니다. 그 대신 트래버틴travertin, 플라스터plaster, 크롬 도금, 대리석, 유리 등 반사하는 표면으로 일시적인 자연의 모습을 나타내려 했다. 파빌리온의 안쪽 정원 벽의 무늬는 뒤쪽에 있는 나무를 대신하고 있고, 주변의 나무는 건물의 유리면에 반사되어 나타나기도 한다. 캐롤라인 콘스탄트Caroline Constant는 이 파빌리온을 두고 "자연은 철골과 유리라는 건축적 프레임 안에서 빛으로 나타난다. 말하자면 기계 속의 정원인 셈이다. …… 미스에게 건축은 인간에게 자연이 나타나게 만드는 전달 수단이다."라고 말했다.[59] 미스의 건축에서는 자연이 안에 있고 공간은 늘 정적이고 중성적이다.

카를로 스카르파의 물

카를로 스카르파Carlo Scarpa가 설계한 1963년 베네치아의 쿼리니 스탐팔리아 재단Querini Stampalia Foundation은 바닷물이 빈번하게 건물 안으로 범람해 들어와 1층을 전시나 회의실 등으로 사용할 수 없게 되어 개수를 하게 되었다. 스카르파는 이 건물의 입구에 인접하는 베네치아의 전형적인 작은 광장인 캄피엘로Campiello에서 1층 현관까지 직접 통하는 작은 다리를 만들었다. 이 건물은 견고한 땅을 딛고 들어가는 것이 아니라 다리를 건너, 본래 창이었다가 출입구로 바뀐 곳으로 들어간다.

반대로 주 출입구는 철문으로 늘 닫혀 있고 그 철문 사이로 베네치아의 바닷물이 들어온다. 물이 주인공이다. 실내에서 물은 장식 요소이기도 한데, 실제로 건물을 내려다보는 운하에서 물이 흘러들어와 만조가 되면 내벽을 타고 사람이 움직이는 전시 공간 주변까지 들어온다. 이렇게 되면 내부 공간은 물로 둘러싸이며 유동하는 듯이 느껴진다. 건물의 작은 공간은 물에 놓인 베네치아의 건축 공간을 축소해놓은 것이다.

벽 주변으로 물이 흘러들어오므로 내부 공간의 바닥은 방과 방을 잇는 다리가 된다. 이것은 만조의 바닷물로 넘칠지도 모를 경우를 대비하여 물을 그대로 받아들인 것이기도 하지만, 물에 떠 있는 베네치아의 물과 하늘 그리고 그 사이에 있는 불안정한 땅을 표현한 것이다. 이 건물에서는 물과 하늘 사이에 떠 있다는 이상한 느낌이 든다. 실제로도 베네치아의 건물은 밑의 진흙에 묶여 있다가 그것에서 솟아오른 것이지 땅을 딛고 올라온 것이 아니다. 베네치아에서 땅은 물과 하늘이 섞여 있는 어딘가에 떠다니고 있다고 말할 수 있다. 스카르파는 베네치아의 물을 불안정한 힘으로 이해하고, 견고한 땅과 공허한 하늘 사이를 잇는 매체로 생각했다. 그는 이렇게 자연을 건축으로 구체화했다.

이 재단 건물의 중정은 분천噴泉, 전지나무, 캐스케이드 cascade, 작은 동굴인 그로토grotto, 조상彫像, 미로, 퍼걸러pergola 등 유럽 정원의 요소를 모두 담고 있다. 그리고 기하학적인 물의 흐름을 빛과 물과 돌이라는 순수한 형태로 건물 옆에 농축한 공간에 만들었다. 사실 그는 올리베티 전시장Negozio Olivetti 등 많은 실내 공간을 '정원'이라는 주제와 관념으로 설계했다.

이 중정의 한 변은 직선의 수로가 중정과 건물의 경계를 이룬다. 수도꼭지처럼 생긴 수원水源에서 나오는 물을 수반水盤•에 받아 경계를 이루는 긴 직선으로 흘려보낸다. 이 수반은 아주 얇고 크게 세 단으로 나뉘어 있으며, 몇 개의 사각형을 조합하여 아주 미세한 경사를 가진 물길을 만들고 있다. 한 개의 사각형을 가득 채운 물은 넘쳐흘러 다음 사각형으로 차례차례 옮겨간다. 한 번의 경사로 흘려도 될 물을 다섯 개의 사각으로 나누어, 물이 흐르다가 담기고, 정지했다가 넘쳐 그다음의 평면으로 옮겨가기를 반복한다.

이것은 흘러가는 속도를 늦추고 시간을 끄는 형태다. 그래서 작은 대리석 수반은 시간을 나타내는데, 그저 한 방향으로 흘러가는 시간이 아니라, 흐르고 담기고 멈추고 다시 움직이는 시간의 흐름을 이와 같은 물의 흐름으로 대신했다. 물은 스카르파가 좋아하는 소재이면서 베네치아의 존재를 나타내는 요소다. 따라서 아주 작은 대리석 수반은 바닥 레벨이 다른 이 건물의 평면을 닮았고 베네치아를 닮았다. 그리고 이 물은 흘러 원형의 수반으로 이어진다.

스카르파는 오직 보는 것을 믿었던 사람이고 보기 위해서 사물을 만들었다.[60] 물과 하늘 사이, 흐르다 멈추고 멈추다 흐르는 물을 표현하는 것은 만나다가 분리되고 단편이 되다가 다시 접하는 구성과 일치한다. 베네치아의 도시 문화와 역사에는 절대적인 것을 추구하면서도 만들어진 결과를 상대적인 것으로 여기고 강하게 표현하려는 의지가 있으면서도, 표징表徵의 결과는 덧없이 보는 태도가 있다. 온전한 형태를 구가하면서도 그것의 단편을 다시 허용하는 등 두 개 항 사이를 모두 허용하고 부정하는 논법을 가지고 있는 것이다. 건축에서 자연이란 나무, 숲, 지형만은 아니다. 스카르파 건축은 자연과 자연의 조건에서 숙성된 문화, 사고, 논리를 기하학으로 다시 해석한 것이었다.

정원, 정원의 건축

에워싸인 낙원

사람은 울타리를 치고 안과 밖을 나누고, 그 안에 '정원'을 만들었다. '정원'은 어떤 지역에 어떤 사람들이 살든지 자기 방식으로 야생의 자연 속에 길들여진 또 다른 자연을 집 가까운 데 둔 것이다. 정원은 숲을 닮아 있지만 숲과는 달리 집과 숲 사이의 중간 지점, 울타리로 에워싸인 곳, 사람이 자연을 제어하는 곳, 그러면서도 여전히 자연이기도 한 곳이다.

정원은 늘 집 바깥에 있다. 작은 초가집 앞의 정원에서부터 거대한 궁전과 도시의 정원에 이르기까지 정원을 말하지 않고는 건축을 말할 수 없으며, 정원이 곧 건축의 일부이고, 건축이 끝나는 지점에서 정원은 늘 시작한다. 정원이 건축의 일부라면 정원은 지붕 없는 방이다. 그러나 정원은 건물의 논리를 따르지 않는다.

숲에서 살던 사람들은 필요한 풀이나 약초가 있는 곳을 잘 보아두었다가 자기가 사는 가까운 곳에 울타리를 쳤다. 정원은 보고 즐기려고 만든 것이기 이전에, 약초나 채소를 집 가까이에서 기른 것에서 시작한다. 집 앞 빈터 울타리로 '둘러싼' 곳에 과일이나 채소를 심는 것이 원예였다. 원예를 영어로 'horticulture호티컬처'라고 하는데, 'horti호티'는 정원이라는 뜻이고 'culture컬처'는 경작한다는 뜻이다. 곧 원예는 정원을 경작하는 것cultivation of a garden이다.

이러한 정원은 인간에게 세 가지 역할을 해준다.[61] 첫째, 정원은 사람들이 모여서 즐기는 곳이다Hortus ludi. 둘째, 1610년에 만들어진 네덜란드 레이던대학교Universiteit Leiden의 식물 정원처럼 바깥 숲을 대신하여 얻어야 할 채소와 약초를 키우려면 땅을 격자로 나누고 분류해야 한다Hortus catalogi. 정원이 기하학적 질서를 필요로 하는 이유는 이 때문이다. 셋째, 회랑으로 둘러싸인 안뜰은 우주의 질서를 상징하는 것으로 여기는 묵상의 장소가 된다Hortus contemplationis. 즐거움, 먹을 것, 묵상. 사람은 이 세 가지를 정원에 바란다. 유럽 수도원의 회랑으로 둘러싸인 정원이 묵상의 정원이다. 일본의 대표적인 정원인 료안지龍安寺도 일본인의 정신세계를 가장 잘 나타내는 묵상의 정원이다.

그런데 이 '호티'라는 말은 '호르투스 가르디누스hortus gardinus'에서 나왔다. '호르투스hortus'는 정원이라는 뜻이고 '가르디누스gardinus'는 둘러싸였다는 뜻이다. 울타리나 담 또는 건물로 '에워싸인 정원'이라는 뜻이다. 우리말로 정원이라는 뜻을 가진 영어 'garden가든'은 바로 이 '가르디누스'에서 나온 말이다. 한자로 '園원'은 작은 언덕을 벽이 '口' 모양으로 에워싸고 있다는 뜻, 곧 집 안의 앞뒤에 가까이 딸려 있는 '빈터'를 에워싸고 있는 모습이다.

주택에는 중정을 두는 수가 많다. 중정이란 '에워싸인' 정원의 대표적인 예다. 그것은 벽으로 둘러싸여 있으므로 내부이지만, 지붕이 없으므로 외부가 된다. 중정은 지붕이 없는 방이다. 중정이 집 한가운데에 있는 정원이고 지붕 없는 방이라면, 이미 주택과 정원은 구분이 없다. 중정을 정하는 것이 집을 정하는 것이다. 따라서 건축과 정원은 서로 구분이 없다.

정원이란 자연과 집 사이에 있다. 울타리와 벽으로 에워싸인 정원에서는 자연 그대로의 수평성이 닫힌다. 그 대신 안에 있는 수평성이 이를 대신한다. 그래서 정원은 그 주변이 풍경을 모아들이지만 동시에 풍경을 닫아버리기도 한다.[62] 정원 안은 집의 연장이면서 저 좋은 천국을 음미할 수 있는 곳이기도 하다.

조로아스터Zoroaster는 빛의 신 아후라 마즈다Ahura Mazdā가 점토에서 최초의 인간 한 쌍을 창조하고, "영원의 아침 햇빛이 비추는 아름다운 정원"을 살 집으로 주었다고 메디아Media인에게 가르쳤다. 그리스 사람은 메디아 사람이 불렀던 땅의 이름을 번역하여 '파라디소paradiso'라고 불렀다. 그리스어로 '정원'이라는 뜻이다. 이들은 이 정원을 아름다운 정원이라고 생각하고 있었다. 이것이 영어로 '파라다이스paridise'가 되었고, 낙원이라는 뜻을 지니게 되었다. 정원은 나무나 풀을 키우면서 즐기고 현재의 구속으로부터 벗어날 수 있는 곳, 곧 천상의 낙원을 미리 보는 것이었다. '파라디소정원'가 '파라다이스낙원'가 된 것이 이런 이유에서였다. 집 안에 카펫이라는 형식으로 표현된 파라다이스를 두었는데, 이슬람 문화에 있는 '정원 카펫garden carpet'이 그것이다.

정원은 여전히 인간에게는 저쪽 세상에 있는 파라다이스다. 건축은 사람이 생활하는 이쪽 세상이므로 정원은 이쪽 세상에 '에워싸인 낙원'이다. 건물 앞에 정원을 두는 것은 이쪽 세상과 저쪽 세상이 서로 이어져 있다는 뜻이다. 이쪽 세상에서는 시간이 흐르지만 저쪽 세상인 정원에서는 시간이 멈춰 있다. 그런데도 이 두 세상은 따로 떨어져 있지 않고 언제나 인접해 있다. 정원은 건축과 늘 관계하고 있고, 건축도 어떤 식의 정원이든 정원을 늘 생각해야 생기를 얻게 된다는 뜻이다.

오늘날에는 어떻게 그런 정원을 곁에 둘 수 있을까? 우리는 서너 평밖에 안 되는 테라스에 나무 한 그루라도 심을 수 있으면 거실에서도 보고 침실에서도 볼 수 있다며 행복해한다. 정원이 테라스의 한 그루 나무로 축소되어 있다. 남의 땅이지만 나무나 꽃이 있는 땅이 이웃해 있으면 작은 주택의 거실 창을 그곳을 향해 넓게 마주보게 낼 수도 있고, 부엌에서 일하는 주부의 시선도 그쪽 향하게 할 수 있다. 내 땅이 아닌데도 내가 정원을 가진 것 같은 느낌을 받는다. 정원은 주변의 조건 속에도 있을 수 있다.

정원에서 풍경으로

정원을 만드는 태도에는 두 가지 원형이 있다.[63] 하나는 '숲 속의 빈터clearing'로 만들어진 정원이다. 아주 짙고 어두운 숲의 한 부분을 쳐내어 작은 빈터를 만들어주면, 보호를 받는 안쪽 세계인 정원이 시작된다. 다른 하나는 '오아시스oasis'처럼 만들어진 정원이다. 오아시스는 삭막하기만 한 주변에 그 자체가 완결된 작은 우주이고 생명의 원천을 갖춘 정원이다. 낙원은 문이 있고 문지기도 있으며 벽으로 둘러싸인 정원의 풍경으로 나타난다. 물이 흐르고 나무와 과일이 있을 뿐만 아니라 그 안에는 주택, 성 등이 있다.

이슬람 사람들이 바라는 정원은 사막과는 정반대인 것, 곧 사막에 없는 그늘이 늘 있는 곳이다. 이들에게 정원은 금욕적인 분위기와 함께 작열하는 태양 아래에서는 느낄 수 없는 시원한 공기, 더위를 피하기 위한 식물, 갈증을 덜어주는 풍부한 물, 적막함을 풀어주는 작은 새소리, 향기, 시와 음악이 있는 오아시스였다.

바르셀로나 대성당Barcelona Cathedral으로도 알려진 성 십자가와 성 에우랄리아 대성당The Cathedral of the Holy Cross and Saint Eulalia에는 고딕 대성당의 설계를 온전히 간직하고 있는 단 하나의 정원이 있다. 정원과 교회는 똑같은 정규 격자를 따른다. 안쪽을 향하는 버팀벽과 그 버팀벽이 만들어내는 성당 사이의 거리나 회랑의 기둥과 정원의 나무 사이의 거리가 같은 격자 안에 놓여 있다. 로마네스크의 정원은 개인이 기도하고 묵상하기 위한 곳이자 중심이 되는 장소다. 성당을 향하는 행렬은 지붕이 없는 이 정원에서 시작한다.

알람브라 궁전Alhambra의 중정은 철저하게 닫힌 공간 안에서 자연을 받아들이고 있다. 알람브라 궁정의 중정은 자연을 "움푹 파인 곳 안에 안쪽의 중심"을 만들었다. '에워싸인 정원'은 수직 방향으로 천상의 정원을 담고자 했던 것인데, 이제는 이것이 수평 방향으로도 풍경을 담게 되었다. 알람브라의 헤네랄리페 궁전Palacio de Generalife의 아세키아 중정Patio de la Acequia, 아세키아는 수로라는 뜻은 긴 축을 따라 수로가 흐르는 아름다운 정원이다. 그러나 네 방향의 벽은 제각기 다르다. 그중에서 이중으로 되어 있는 동쪽 아케이드는 '에워싸인 정원'의 벽에 창이 뚫려 있다. 그리고 그 한가운데에는 무한한 수평선을 향해 열려 있는 전망대 방도 있다. 에워싸이면서 땅과 하늘의 관계가 중요하게 여겨지던 정원이 이제는 무한한 수평선을 향하는 수평의 관계로 전개되기 시작했다.

르네상스를 지나면서 정원과 풍경은 구분되지 않게 되었다. 초기 이탈리아에 별장 문화가 성행하면서 정원은 바깥을 향하기 시작했고, 하늘을 향하던 관심이 풍경의 스케일로 확장되어 옮겨갔다. 그러다가 시각적으로 무한히 펼쳐지는 정원이 바로크 시대에는 프랑스의 베르사유 궁전 정원으로, 신고전주의 시대에는 영국의 '풍경식 정원'으로 구현되었다.

동양이건 서양이건 정원은 본래 자기가 원해서, 자기를 위해 지은 '개인 정원private garden, 私園'이었다. 그러던 정원을 모든 이를 위해 사회가 함께 소유하자는 목적으로 만든 것이 '공원公園'이다. 도시에 사는 사람이 모두 소유하는 '공공의 정원public garden'이 공원이라는 이름으로 나타난 것이다. 20세기 초에는 도시계획에 정원이 도입되었다. 에버니저 하워드의 '전원도시'가 그것인데 번역하면 '정원도시Garden City'다. 개인이 소유하던 정원은 도시를 구성하는 도시계획의 중요한 이념이 되었다.

정원의 건축

건축의 관점에서 정원을 생각하면 르네상스와 바로크 건축처럼 건축물은 주변을 훈시하듯이 중심에 홀로 위치하는 것으로 여길 수 있다. 그러면 정원의 관점에서 건축물을 생각하면 건축물은 어떻게 변화할 수 있을까? '건축을 위한 정원'을 말하는 것만이 아니라 '정원을 위한 건축' 또는 '정원의 건축'을 생각하면, 환경의 일부이면서 환경과 함께하는 건축을 만들 수 있지 않을까?

정원과 건축의 논리는 서로 다르다. 먼저 정원을 거닐 때는 나무와 꽃들을 본다. 정원에 있는 모든 식물은 모두 땅에 구속되어 있다. 땅에 심어져 땅을 덮거나 땅에서 수직으로 선다. 정원을 이루는 요소는 모두 땅에 의지한다. 뿐만 아니라 주택이 어른과 아이들이 늙음과 성장을 공유하는 곳이라면, 정원은 사람이 알지 못하는 사이에 나무가 자라고 꽃이 피는 현상을 보며 시간을 감지하는 곳이다. 정원은 시간이 흐르는 장소다.

정원은 전체를 보지 않는다. 정원 속에서는 보이지 않는 전체를 상상하고 눈앞에 보이는 대상의 변화에 주목한다. 정원을 거닌다는 것은 저 위에서 한눈으로 내려다보지 않는 것이다. 정원은 걸을 때마다 전체의 한 부분만을 본다. 때문에 정원을 다 보고 나야 전체를 어느 정도 알 수 있게 된다. 정원에 있는 나무와 꽃은 눈으로만 보지 않는다. 냄새를 맡고 나뭇잎도 손으로 만지며 그늘의 시원함을 함께 느낀다. 정원이라는 공간은 내 감각 모두를 동원하여 체험하는 곳이다.

정원에서 나무와 꽃은 함께 집합을 이루고 있으나 이들 모두는 독립적이다. 나무와 꽃은 서로 겹침이 없다. 무수한 잎들은 나무줄기에 속해 있지만 모두 독립적이다. 정원은 무수한 독립된 부분이 모인 전체다. 정원에는 어느 하나가 군림하고 다른 것은 그것에 복종하는 모습이 없다. 정원에서는 내가 주목하는 한 그루의 나무가 100그루가 있는 전체와 등가라고 여겨진다.

엄밀한 의미에서 건축물은 그것이 어떻게 만들어졌다고 설명하더라도 주변으로부터 구분되는 독립체다. 건축은 아무래도 오브제가 되기 쉽고 크기와 관계없이 주변에 대하여 우월해지기 쉽다. 다른 것과 구분되고 우월해지려는 독립체는 시각에 의존한다. 촉각은 바로 옆에 있어야 하고 후각은 조금 떨어져야 알 수 있지만, 시각은 촉각과 후각과는 비교할 수 없을 정도로 멀리 간다. 때문에 건축물은 시각 중심의 우월한 물체가 되기 쉽다.

건축이 시각 우선이며 주변과 구분되는 우월한 오브제가 되지 않으려면, 건축물의 정반대인 정원의 논리를 닮아가야 한다. 부분의 가치를 존중하고 시간의 흐름에 순종하며 땅에 종속되려면 '정원의 건축'이 되어야 한다. '정원의 건축'은 건축물을 정원으로 만드는 것이 아니라, 이러한 정원의 존재 방식으로 끌어안는 건축을 말한다. '정원의 건축'은 식물처럼 독립된 부분이 동등하게 모여 어우러진 건축이다. 또 그것은 어떤 한 점에서 조망할 수 없는 시선 높이의 건축이다. '정원의 건축'은 지표면의 건축이고, 이동의 건축이며, 자연의 순환을 감지하는 건축, 시간이 누적되고 시간의 경과 속에서만 알 수 있는 건축이다.

바람의 건축

바람과 물, 빛과 열과 소리는 건물에 아주 가깝고 직접적인 자연이다. 그리고 여러 가지 의미도 은유한다. 바람을 어떻게 표현할까? 중국 사람들은 바람을 글자로 표현하기가 어려웠다. 그래서 갑골문자에서 발음이 같은 '鳳봉' 자를 빌려서 바람을 나타냈다. 이 갑골문자의 획이 사방으로 뻗어나가는 것은 봉새의 날갯짓이 바람을 만든다고 보았기 때문이다. 또한 '凡범'은 돛을 그린 것이며 돛단배는 움직이는 바람을 강조한다. 여기에 벌레 '虫충'을 넣어 바람을 표현했다. 따뜻한 봄바람이 불면 벌레들이 움직인다고 여겼고 새나 물고기나 곤충은 모두 '虫'에 속한다고 보았기 때문에 바람을 '風풍'으로 나타냈다. 그래서 봉鳳과 풍風이 같이 쓰였다. 바람이 전혀 불지 않을 때는 멈출 止지를 넣어 '凪지'라고 쓴다. 한자는 바람을 이렇게 시각화했다.

　　바람은 공기의 흐름이며 흘러가는 공기 자체다. 바람은 어디에나 분다. 사람은 날씨가 좋은 날이면 창을 열고 바깥 공기를 받아들인다. 불어오는 바람은 막을 수도 있고, 사람에게 유용하게 만들 수도 있다. 때가 되면 강한 바람이나 미묘한 바람이 찾아올 수도 있으며, 초고층 건물에서는 바깥의 공기를 차단해야 한다. 자연을 어떻게 받아들이는가는 기술의 문제이기도 하고, 자연에 대한 태도를 건축으로 표상하기도 한다.

　　모든 건물에는 두 가지 힘이 작용한다. 하나는 중력이고 다른 하나는 바람이다. 이 두 가지는 다 작용하지만, 굳이 분류하자면 '중력의 건축'이 있을 수 있고 '바람의 건축'이 있을 수 있다. 판테온과 로마네스크 성당, 고딕 대성당 등은 모두 중력의 건축이다. 오늘날 파리에 부는 바람을 중세 도시에 적용하여 건물 높이에 대한 바람의 속도와 풍압을 그린 자료[64]를 보면, 높이가 40미터인 대성당 꼭대기에는 속도가 1초당 30미터고 풍압은 1제곱미터당 70킬로그램이 작용하는 바람이 부는 것으로 되어 있다.

　　옆에서 불어오다가 위를 지나가는 바람이 지붕을 잡아당긴다. 바람을 될 수 있으면 적게 받으려고 집을 낮게 하고, 초가지붕이나 몽골의 게르 지붕도 측면에서 부는 바람에 부력이 생겨 지붕이 날아가지 않게 동아줄로 묶는다. '배산임수背山臨水'도 여름에는 집 앞에 있는 강을 스쳐온 시원한 공기가 집안의 더운 공기를 이동시키고, 겨울에는 반대로 집 뒤에 있는 산이 바람을 막아주도록 바람의 길을 열어주던 지혜였다. '배산임수'도 일종의 '바람의 건축'이었다.

　　움직이지 않는 건물도 문으로 사람이나 물건이 드나들고 창으로 공기와 바람이 드나든다. 집에 창이 있듯이 옷에도 구멍이 수없이 나 있다. 여름옷은 구멍이 많이 뚫려 있고 겨울옷은 구멍이 거의 없는 옷감으로 만든다. 집에는 바람을 통해야 하므로 크기에 맞는 구멍을 벽에 낸다.

　　건물의 역할은 제일 먼저 비와 바람, 추위와 더위를 막아주는 것이다. 이에 자기 지역에 맞게 바람을 받아들이고 견디는 지혜를 발휘해왔다. 선택된 벽과 지붕의 재료와 그것에 맞는 형태를 고안하고, 밖에는 담장을 쳐서 바람을 조절했다. 살면서도 바람을 읽었고 바람에 따라서 살았다. 그리고 이런 집들이 모여 지역의 풍경이 되었다.

　　창문을 열면 밖에서 바람이 온다. 집이 바람을 들어오게 하기도 하지만, 바람이 집을 찾아오는 것이다. 건축에서 바람은 부유하며 찾아왔다가 사라지는 감각을 준다. 바람은 옷처럼 가볍고 형태가 없고 상태뿐인 건축을 상상하게 해준다. 바람은 부드럽게 불어올 때는 더없는 친구 같아도, 매섭고 격하게 불어오면 바람만큼 무서운 적도 없는 듯하다. 그러나 바람은 건축의 원초적인 상태를 만드는 것, 건축을 더욱 자연스러운 상태로 만들어내겠다는 생각을 자극한다.

　　건축가 버나드 루도프스키Bernard Rudofsky이 1964년에 낸 『건축가 없는 건축Architecture without Architects』은 인간이 자연과 타협하고 자연을 역이용한 익명의 건물 사진을 담은 책으로 유명하다. 그중에서도 파키스탄의 하이데라바드 신드Hyderabad Sind•의 경관은 매우 경이적이다. 이 마을은 이상한 굴뚝이 지붕 위로 솟아 있는 경관으로 가득 차 있다. 이는 같은 방향에서 불어오는 오후의 시원한 바람을 방마다 받아들이는 장치다. 굴뚝처럼 아래쪽으로 공기를 유통시키는 고정된 장치를 '바드기르bâdgir'라고 한다. '바람탑'이라는 뜻이며 영어로는 'windcatcher윈드캐처'라고 부른다.

　　'뉴칼레도니아'라는 환상의 섬에 이탈리아 건축가 렌초 피아노Renzo Piano가 설계한 '장마리 치바우 문화센터Jean-Marie Tjibaou Cultural Centre••'는 이 지방의 전통 오두막집을 바탕으로 하면서도 태풍에 대한 피해를 고려하여 잘 썩지 않는 얇은 판재와 목재, 스테인레스와 일부 금속을 조합하여 훌륭한 바람의 조형을 만들었다. 커다란 목재 스크린을 이루는 흰 벽은 부딪친 바람이 잔잔하게 불 때, 적당한 세기로 불 때, 강하게 불 때, 저기압으로 불 때, 이 벽의 반대쪽에서 불 때 등 각각의 조건에 대응하도록 나누어 만들어졌다. 흰 벽 뒤에 세운 또 다른 벽의 아래와 윗부분은 바람을 받아들이기도 하고 바람을 막기도 하며 방 안의 공기 흐름을 여러모로 바뀌게 했다. 바람을 '風'이라는 형태로 표현했듯이, 이 건물은 바람을 이렇게 조형했다.

　이 두 가지 예는 코르뷔지에가 설계한 파리의 구세군 난민 도시Cité de Refuge, Paris와 대비된다. 근대 초기 당시에는 오늘날과는 달리 공기조화가 불안정했는데도, 코르뷔지에는 파리의 구세군 난민 도시에 기계 환기를 도입하며 열지 않는 창으로 막았다. 그런데도 이를 두고 "중성화된 비밀 의식을 행하는 종교의 벽"이라 부르거나 가동되는 공기조화 장치를 "정확한 호흡"이라고 표현하기도 했다. 그러나 불행하게도 개관하고 나서 그의 수사적 표현과는 달리 이 '정확한 호흡'이 작동하지 않았고 결국은 나중에 여러 종류의 창으로 바뀌었다. 거장 코르뷔지에는 '바람의 건축'에 실패했다.

　현대인은 공기조화 장치로 추위와 더위를 그다지 의식하지 않고 지낼 수 있게 되었지만, 생활 속에서 계절을 알려주고 자연의 고마움을 느끼게 해주는 것은 바람이다. 그리고 바람은 자연적으로 온도를 낮추고 에너지를 생산해주기도 한다. 바람으로부터 보호해야 하는 건축이 이제는 바람과 함께 살고 바람을 살리는 건축이 되어야 하는 과제를 안게 되었다. 공기 순환이 잘 되어 있기로 유명한 흰개미 집을 보면 공기 순환은 생명과 깊은 관계가 있다. 짐바브웨 출신의 건축가 믹 피어스Mick Pearce가 흰개미의 환기 시스템을 모방하여 하라레Harare에 최초의 대규모 자연 냉방 건물인 '이스트게이트 센터Eastgate Centre'를 설계했다. 40도나 되는 기후에 에어컨이 없는 쇼핑센터를 흰개미의 환기 시스템으로 해결하기로 한 것이다.

　바람은 어딘가에서 와서 어딘가로 가는 것이므로 환경에 녹아 있는 듯이 보이고, 실제로도 환경에 동화할 수 있는 건축이 요구된다. 바람은 보이지는 않는 것, 약하기도 한 것, 그러나 다시 커질 수도 있는 이성적인 상태를 은유한다. 건축가 이토 도요伊東豊雄가 30년 전 "바람처럼 가볍고 상태만 있어 형태를 갖지 않는 건축이 존재한다면 얼마나 멋있을까 생각한다. …… 건축 전체를 한 장의 천이 바람이 부는 대로 형상을 바꾸듯이, 거의 그 형태를 느낄 수 없는 건축이야말로 나에게는 현대에 살고 있음을 가장 속박하지 않는다고 생각한다."[65]라고 말한 것처럼, 바람은 현대건축에 많은 상상력을 던져준다.

바람은 물보다도 사람에게 훨씬 가깝다. 그러나 바람은 물처럼 눈에 보이지도 않는다. 내 살갗에 와 닿든지, 아니면 어떤 물체가 움직이는 것을 보고 있을 때 바람이 어떻게 움직이는지 알 수 있다. 창을 닫고 밖을 내다보며 흔들리는 나뭇잎을 보아야 바람이 부는지 알 수 있다. 이것은 건축이 바람을 알게, 느끼게, 보이게 할 수 있다는 가능성을 보여준다. 바람 앞에 서 있는 건축은 보이지 않는 바람을 나타낼 수 있다. 구름을 보면 바람을 본 것이고 나뭇잎을 보면 시간을 본 것이 된다. 구름이라는 사물이 바람을 담아내듯이 건축물이 보이지 않는 환경의 상태를 담아낼 수 있다면, 그것은 생활하는 사람들에게 최고의 건축이 된다.

'바람의 건축'이란 결국 공기를 설계하는 것이다. 이것은 단지 바람이 잘 통하는 집을 설계하자는 말이 아니다. 바람의 건축이라 함은 자연과 함께하는 또 다른 건축을 표현한 것이다. '공기를 설계한다'는 것은 변하는 환경의 상태 그 자체에 주목하고 우리를 감싸고 있는 어떤 상태를 설계하는 것이다.

도시의 자연

불순한 자연

이제까지 한가운데 건물이 있고 그것을 주변의 지세, 지형, 수목, 하천이라는 자연이 둘러싸는 도식을 염두에 두며 건축과 자연의 관계를 말했다. 그러나 이제는 자연과 건축이 양립하는 것이 아니라 건축물이면서 자연물이고, 자연물이면서 건축물인 서로의 상태를 생각하는 것으로 관점을 바꾸어야 한다. 이것은 인공물인 건축이 어떤 자연을 만들어내는가 하는 방식에 관한 것이 된다.

근대건축이 이론적으로 전혀 말하지 않은 것이 자연과 시간이다. 건축사가 지크프리트 기디온Sig-fried Giedion의 책 이름이 『공간, 시간, 건축Space, Time and Architecture』이어서 건축의 시간에 대해 충분히 논의한 책이라고 생각하기 쉽지만 유감스럽게도 시간에 대해 거의 말한 바가 없다. 이렇게 근대건축은 자연에 대한 건축의 방식을 거의 다루지 않았다. 미스 반 데어 로에도 시간과 자연에 대해 언급한 적이 없으며, 코르뷔지에도 막연히 자연 속에 건축이 있다는 식으로 표현했을 뿐이다. 코르뷔지에는 많은 책을 펴냈지만, 그의 건축과 도시 개념이 '공원 속의 도시'여서 새로운 건물이 늘 나무가 많은 공원 속에 서 있는 식이었지, 자연을 의도적으로 논의한 바는 거의 없다.

이런 편안한 관점에서 도시를 생각하면, 도시에서 자연이 사라지고 있고 자연과 인공이 대립되어 있다고 쉽게 말할 수 있다. 그러나 사람이 모여 살면서 길을 내고 건물을 짓는 이상, 자연과의 대립은 피할 수 없는 사실이다. 그렇다고 자연이 항상 아름답고 유익하게만 다가오는 것도 아니다. 자연은 위협이며 위험하고 적으로 다가온다. 건축은 이러한 자연으로부터 사람을 보호한다. 그러나 건축은 수평과 수직의 구축 체계로 공간을 확장하며 늘 자연을 위협한다.

건축물은 사람이 만든 인공물이므로 자연과 다르다. 그러나 빛, 바람, 물, 소리의 자연이 언제나 건물을 둘러싸고 있고, 사람이 살아가는 매일의 생활이 자연의 일부이기 때문에 건축물은 자연에 가까워질 수 있다. 건축물은 자연에 대항하지만 자연과 공조하는 방법을 찾아갈 수 있다. 지붕을 덮은 흙에서 돋아난 풀은 건축을 이루는 재료가 숨 쉬고 있다는 뜻이기도 하다. 그만큼 건축은 그것이 놓인 땅, 그것을 만드는 재료, 그것을 둘러싼 주변과 함께 존재해야 하는 생명을 가진 존재로 받아들이고 해석할 수 있어야 한다.

도종환의 시 〈나무에 기대어〉를 보면 사람이 나무에 기대는 이유가 있다. "나무야 네게 기댄다 / 오늘도 너무 많은 곳을 헤맸고 / 많은 이들 사이를 지나왔으나 / 기댈 사람 없었다 / 네 그림자에 몸을 숨기게 해다오 / 내 뒤에 삼시만 등을 기대게 해다오" 사람은 나무에 등을 기댄다. 나무는 사람을 대신하여 기대게 해주고 숨게 해준다. 그렇기에 사람은 자연에 가까이 있어야 한다. 나무로 만든 기둥도 다를 바 없다. 기둥도 사람을 대신하여 기대게 해주고 숨게 해준다. 그러면 '기둥에 기대어'라는 시도 가능하다.

아무리 작은 부분일지라도 도시 안에는 자연이 있다. 건물이 서는 땅은 바람, 태양 각도, 해가 뜨는 시간, 물 등과 관계가 있다. 멀리서 들리는 소리, 포장된 재료를 푸는 소리, 바람의 움직임, 변하는 빛은 '장소특정적site specific'이라는 개념으로는 결코 답할 수 없는 보편적이고 일반적인 현상이다. 건물과 대지는 특정적이기 이전에 이런 보편적이고 일반적인 자연에 둘러싸여 있다.

내 집 앞에 나무가 몇 그루 있으니 자연에 충실했다고 여기면 인공의 건축물은 더 이상 자연과 대화하지 못한다. 그 나무에 어떻게 가까이 가는지, 그 나무의 크기는 얼마이며, 어떤 질감을 가지고 있는지, 나뭇가지는 어떻게 자라 집과 만나고, 나뭇잎은 앞으로 어떻게 퍼질 것인지, 낙엽을 어떻게 내릴 것인지, 나무는 어떤 내음과 그늘을 줄 것인지 나무 하나하나에게 물어볼 것이 너무 많다. 이것은 나무를 집 앞에 있는 존재의 자연이 아니라, 나와 내 집과 함께하며 대화하는 생성의 자연으로 달리 해석해야 한다는 말이다. 이렇게 계속 자연을 이해하려고 할 때 비로소 자연과 건축과 생활에 구분이 없어진다.

하노이의 한 시장은 다른 나라의 도시와 똑같이 복잡했다. 그중 아래는 가게가, 위에는 주택이 있는 아주 작은 일종의 주상복합 건물이 눈에 띄었다. 이 주택은 아주 작고 초라하게 보이기까지 했지만, 인공과 자연과 생활의 구분이 없는 건축의 모습을 아주 쉬운 방법으로 상상하게 해주었다. 이 주택은 화분에 심은 나무로 이루어진 아주 작은 식물원 주택이며, 시선을 가리고 그늘을 만들어 발 하나로 가볍고 가설적으로 자연을 제어하고 있다.

이 주택은 인공과 자연의 비율은 다르지만 인공적인 것과 자연적인 것의 한계를 명확히 그을 수 없다. 생활하며 부서지고 고친 모습을 고스란히 갖춘 인공물과 자연이 구분되지도 않는다.

의식적으로 계획되지 않고 자연발생적이고 자연도태적으로 만들어진 건축을 '버내큘러vernacular, 그 땅에 고유한'라 하고 '익명적anonymous'이라고 한다. 이 건축은 무의식적 과정에서 만들어졌으므로 의식적으로 만든 건축보다 생활과 자연에 대한 적응성이 뛰어나다고 보인다. 이런 건축은 처음부터 건축과 자연의 공존을 의식한 것도 아니며, 수많은 사람이 생활 속에서 함께 긴 시간 지속한 결과다.

대도시의 유리로 덮인 건물에는 나무도 비치고 차와 철도도 비친다. 이렇게 비친 상을 두고 나무는 자연이고 차는 인공물이라고 구분할 수 없다. 대도시에는 자연과 건축이 대립하고 있다고 흔히 말하지만, 대도시의 풍경도 자연만을 잘라낼 수 없다. 다만 이 자연은 인공적인 것과 서로 간섭하며 뒤섞여 있는 불순한 자연일 따름이다.

자연의 숲속 오두막집 옆에서는 시내가 흐르지만, 현대도시에서는 집 옆으로 철도나 자동차가 흐른다. 오두막집 옆에서는 나무가 그늘을 늘어뜨리지만, 오늘날에는 이동하는 여러 셸터가 그늘을 만들어준다. 옆으로 철도나 자동차가 흐르는 집은 시내가 흐르는 숲속 오두막집의 자연을 필요로 하고, 이동하는 셸터는 나무가 오두막집에 그늘을 늘어뜨리는 것과 같은 그늘을 늘어뜨릴 수 있다. 건축하는 사람에게는 도시가 또 다른 자연이다.

프랑스 건축가 도미니크 페로Dominique Perrault는 '자연Nature'이 아니라 '자연들Natures'이라며 『자연들Des Natures』[66]이라는 제목의 책을 낸 바 있다. 그는 산이나 강과 같은 본래의 자연만 있는 것이 아니라, 현대도시에 가득 찬 인공적인 환경을 모두 합하여 자연이라고 생각했다. 이처럼 도시의 인공적인 환경도 본래의 자연과 같이 너무나도 당연히 자연스러운 환경의 일부라고 볼 때, 자연과 건축의 관계는 다시 정의된다.

건물은 마루, 툇마루, 마당, 처마, 창호 같은 것으로 자연에 대응한다고 여길 수 있다. 그러나 건축은 자연에 기대지만은 않고 반대로 자연을 옹호할 수 있다. 페로는 그의 대표작인 프랑스 국립도서관°에서 네 모퉁이에 L자형의 탑을 세우고, 한가운데를 판 뒤 그곳에 길이 187미터, 폭 58미터의 거대한 인공정원을 만든 다음 열람실과 서고 등이 그 정원을 둘러싸게 설계했다. 이 중정에는 야생의 오크 등 250그루가 심어져 있다. 그러나 이 광대한 중정은 커다란 계단을 올라오기 전까지는 전혀 알 수 없으며 에스컬레이터를 타고 내려가야 조용한 도서관이 마치 수도원처럼 나타난다. 이 정원에는 수도원의 중정처럼 사람들이 들어가지 못한다. 인공적인 자연이 마치 야성의 자연처럼 취급되고 있다. 인공과 자연이 역전되어 있는 것이다.

덴마크에 있는 콜로니하벤Kolonihaven은 유리 상자와 자연의 관계를 실험한 미니멀한 작품이다. 페로는 한 그루의 과일나무를 네 장의 판유리로 두르고, 지면 레벨에서는 접근하지 못하도록 했다. 이 정사각형의 유리 공간은 풍경을 잘라내고 있으며, 자연을 소유한 것이기도 하면서 동시에 자연을 진열장처럼 보여주기도 한다. 한 그루의 나무라는 자연과 최소한의 건축적 장치가 결합해 있다. 이처럼 자연을 통해 복사되고 건축 형태를 지우기도 하면서 건축과 자연은 서로를 보완하고 있다. 건축은 자연이 아닌 것을 자연으로 바꿀 수 있다.

일반적으로 자연이라고 하면 인간의 손이 닿지 않은 산과 숲 같은 야성적인 공간을 먼저 연상한다. 그런데 인간은 이런 야성적인 자연 속에 집과 도시를 세움으로써 자신의 존재를 드러낸다. "신은 땅을 만들고 인간은 도시를 만들었다." 이 말은 자연은 신의 것, 도시는 인간의 것으로 구별되는 세계이며, 사람은 건물과 도시를 세움으로써 야생의 자연을 희생해간다는 것을 뜻한다.

그렇다고 위성에서 찍은 지도를 보면서 밀도가 높은 면적과 도로는 인간이 구축한 것이고, 밀도가 낮은 농지는 야생의 자연 공간이라고 말할 수 있을까? 적어도 이 지도에는 야생의 자연이 존재하지 않는다. 단지 밀도가 비교적 낮은 '숲'과 '농토'가 있을 뿐이다. 자연이라고는 하지만, 이 자연은 밀도가 높은 '도시'에 대한 개념이다. 인간이 문명화하고 '도시'에 의존하게 될 때 오히려 야성적인 자연은 더욱 강화되어 나타날 수 있다. 이런 의미에서 야생의 자연이 먼저 있었던 것도 아니며, 인간의 구축 행위로 자연이 희생된다고만 볼 수도 없다. '도시 대 전원'은 '인공 대 자연'처럼 상반되지 않는다. 마찬가지로 자연은 건축과 반드시 상반되지 않으며, 건축과 함께 또 다른 의미의 야생을 표현할 수 있다.

골프장과 밭

공간 안에 사는 신체가 자연을 요구하는 이상, 건축은 자연을 담을 수 있다. 그러나 공간을 매개하지 않는 신체는 자연을 따로 담을 수 없다. 사람의 몸은 건축 공간과 그것이 놓이는 땅을 통해서만 자연과 관계 맺을 수 있다. 그래서 건축은 바깥의 자연과 안의 신체 관계를 만든다.

자연과 풍경이라고 하면 정원을 먼저 생각한다. 그리고 풍경은 기술과 먼 곳, 기술을 부정하며 자연에 더 가까워지려는 데에서 생기는 것이라고 생각하기 쉽다. 그러나 자연에 대한 기술은 또 다른 현대의 풍경을 만들어낸다. 농촌 풍경은 기계와 자연이라는 전혀 상반되는 것이 상호작용한 것이다.

농사 짓는 것을 도시 생활과 비교하다면 당연히 자연에 가깝다. 그러나 원래 농사란 자연을 거스르는 일이다. 하나하나 사람 손이 가야 하고 어울려 자라는 것들을 가르고 구분해놓는다. 그러므로 농사는 인공에 가깝다. 사람이 먹을 수 있는 건 곡식이나 채소라고 부르고, 도움이 안 되는 풀은 잡초라고 분류한다.

미국 캘리포니아 북부의 나파 밸리Napa Valley는 포도 생산지로 세계적으로 유명한 곳이다. 열을 맞추어 심은 포도나무가 마치 캔버스 위에 따로따로 채색된 그림처럼 아름답다. 그러나 이 기하학적인 문양은 지형의 곡면을 달리며 다양한 모양과 빛을 만들어낸다. 그렇지만 이 모습은 예술적인 감동을 불러일으키기 위해 만든 것이 아니다. 이것은 생산을 최대한으로 늘리기 위해 농지를 효율적으로 같은 길이로 잘라낸 것이고, 사람들의 수많은 시간과 노력으로 신중하게 만들어진 땅 위의 섬유들이다. 이러한 땅 위의 기하학은 종이 위에서 같은 길이로 잘라낸 추상적인 점도 아니고 길이도 아니다.

　　이러한 농지 위에 적용되는 기하학은 자연을 상대로 한 것이며, 그 이면에는 철저한 이익 추구가 있다. 그런데도 살아 있는 식물과 땅의 동적인 형태가 또 다른 새로운 자연을 보여준다. 흔히 기하학이라고 하면 경직된 것, 현실을 도외시하는 추상적인 것으로만 여기지만, 이러한 농업 풍경은 기하학이 자연과 땅을 대상으로 하여 또 다른 자연을 대하게 해준다. 마찬가지로 건축은 기하학을 수단으로 땅과 자연을 상대로 하는 인위적인 건설 행위지만, 이러한 농업 풍경처럼 건축은 자연과 인공 사이에서 새로운 제2의 자연을 만들 수 있다.

　　만일 유치원의 중정에 풀이 잘 자라도록 하는 방법으로 잡초가 나게 하는 것과 목초를 기르는 것과 잔디를 까는 것 등 세 가지 방법이 있다고 하자. 잡초는 장소에 적절하지 않은 식물이고, 목초는 말이나 소에게 먹이는 풀이며, 잔디는 인공적으로 관리하고 운동이나 휴양을 위해 키운다. 잡초, 목초, 잔디 중 어떤 것이 더 자연에 가까운가? 잡초가 자연에 가깝다면 잔디는 인공에 가깝고, 목초가 그 중간에 해당한다. 그러면 건축은 잡초, 목초, 잔디 가운데 어느 것에 가장 가까울 수 있는가? 그 답을 곰곰이 생각해보라.

　　골프장과 밭, 어느 것이 자연에 가까운가? 골프장의 잔디는 인공적이고 균질하다. 중간에 드문드문 심은 나무들은 이 장소가 자연 그대로임을 '위장'하고 있으며 경계부만 유기적인 형태로 자연을 모방한다. 그러나 밭은 골프장에 비해 기하학적이다. 그렇지만 밭은 자연에 가깝고 자연 그대로의 농작물을 키우는 곳이다. 앞에서 말했듯이 밭에 그어진 기하학적인 질서는 수확과 효율과 수익을 위한 것이며 기술이 가미되어 있다. 골프장은 소수의 사람들이 여가를 즐기려고 생명체인 나무를 배경으로 만든 곳이다. 골프장의 땅바닥 생명체는 걷는 사람의 발걸음과 공이 굴러가는 조건을 위한 것이다.

골프장과 밭의 자연이 다른 것은 기하학이니 유기적이니 하는 형태에 있지 않고, 작은 부분이 얼마나 생명에 가까이 가 있는가에 있다. 이때 건축은 밭과 같다. 따라서 신체와 환경을 통한 건축의 기하학적인 질서는 또 다른 제2, 제3의 자연을 만들어낼 수 있다. 오히려 제2의 자연, 제3의 자연을 만들 수 있는 것은 오직 건축물뿐이다.

3장

건축과 풍경

건축은 풍경의 한 요소이지만
그 자체가 풍경이 된다. 건축은
디테일과 풍경 사이에 있다.

풍경이란

일상과 사물의 정착

현대건축에서 참 많이 사용하고 있는 개념은 '풍경風景'이다. 그러나 '풍경'은 건축하는 사람만 쓰는 개념이 아니며 지리학, 농학, 법학, 심리학에서도 자주 사용한다. 따라서 '풍경'에 대한 이해와 관심에 따라 그것이 의미하는 바는 다양하다. 개념이 다양하다 보니 건축에서는 그 개념이 느슨하게 사용된다.

그럼에도 풍경의 개념을 정의한다면, '풍경'은 "일상 경험의 바탕을 이루는 층에 정착한 사물의 모습"이다.[67] 일상, 그것도 일상의 경험이다. 그러나 그저 단순히 일상에서 경험한 것이 아니다. 그 경험이 생기게 된 바탕이 있다. 이런 바탕에 사물이 정착한다. 그때의 사물의 모습이 '풍경'이다. 일상, 경험, 사물이 합해지는 것으로 풍경이 되는 것은 아니다. 한쪽에는 일상 경험의 '바탕'이 있고, 다른 한쪽에는 사물이 그 바탕에 '정착'해야 한다. 이 두 조건이 만나서 생긴 모습이 '풍경'이다.

건축은 어떤 장소에서 일상생활로 경험되는 바탕에, 건물과 길 그리고 나무, 도시, 인프라 구축물, 조경 등의 사물이 얽히는 풍경 속에 놓인다. 건축은 흘러가는 시간의 흐름 속에 놓인다. 이에는 역사와 문화가 포함된다. 풍경이 씨줄이고 시간이 날줄이라면, 건축은 풍경과 시간으로 짜이는 옷감과 같다. 근대건축은 다른 것들과 함께하는 장소도 배제했고 흘러가는 시간도 배제했다. 홀로 서서 예술적인 작품이 되어 순간의 오브제가 되는 것을 이상으로 여겨왔다. 건축을 풍경으로 생각하는 것은 일상, 생활, 경험, 건물, 사물 등 건축 속에 들어 있지 않은 상황 모두를 의식하는 것이다.

풍경은 어떤 대상을 둘러싼 환경 전체와 그것에 관계하는 사람에 대하여 자아내는 상황을 아울러 나타낸다. 풍경이라 하면 한눈에 보이는 경치를 관습적으로 연상하지만 실은 그렇지 않다. 풍경은 한자로 '風景'이다. '風풍'과 '景경'이라는 두 글자가 합쳐져 만들어졌다. 풍風은 눈에 보이지 않는 것, 상황과 분위기, 변화하는 모습이며, 변화시키는 힘을 말한다. 풍토風土나 풍수風水가 그러하듯이 풍風은 바람처럼 어딘가에서 불어와 또 다시 어딘가로 사라져버리고 변하는 것이라는 뜻을 나타낸다. 여기에 '景경'은 '日일'과 '京경'이 합쳐진 것으로 빛에 비쳐 보이는 도시나 건물의 모습, 곧 구체적이며 물리적인 장소에서 사람이 바라보는 그 무엇이다.

풍風은 눈에 보이지 않는 상황이고, 경景은 눈에 보이는 물리적인 사물과 장소다. 풍風은 "일상 경험의 바탕을 이루는 층"이고, 경景은 "그것에 정착한 사물의 모습"이다. 이 두 가지가 합쳐져서 어떤 장소와 상황, 분위기 안에 있는 사물의 모습을 사람은 인식하게 된다.

본래 그리스어나 라틴어에는 풍경을 뜻하는 말이 없었다. 풍경에 가장 가까운 말은 'prospectus프로스펙투스'였다. 풍경을 뜻하는 'landscape랜드스케이프'는 1600년대에 자연 경치를 넓게 본 조망을 그린 그림, 곧 풍경화를 뜻하는 네덜란드어 'landschap랜드스하프'에서 나왔다. 'land땅'와 '-scap-ship, 조건'가 합쳐진 말이므로 풍경은 '땅의 조건'이다. '땅'은 눈에 보이는 물리적인 사물과 장소이고, '조건'은 눈에 보이지 않는 상황이다. 한자로 말하든지 영어로 말하든지 모두 같은 뜻을 가지고 있다. 따라서 풍경은 비행기를 타고 내려다본 경치가 아니다.

조경가 피터 워커Peter Walker가 만든 '분천Tanner Fountain'에는 하버드대학교 북쪽 문을 나가는 곳에 있는 돌 159개가 원형을 이루고 있다. 여름에는 분무하듯이 물을 뿌리고 겨울에는 구름 모양의 스팀이 올라온다. 맑은 여름 날에는 작은 무지개가 뜨고 가을 해질 무렵에는 황혼의 온천이 연상된다. 게다가 바람이 방향을 바꾸면 지나가는 사람은 예기치 못한 흥미를 느끼기도 한다. 그러나 이것만으로는 '풍경'이 아니다. 이 사물들이 대학교의 일상 경험에 대해 '바탕을 이루는 층'에 '정착'한 것이 아닌 이상, 이것은 '분천'이라는 사물이 주는 다양한 분위기나 현상이다.

어떤 두 사람이 강가에 함께 있었다. 그들은 강의 흐름의 세기, 빛, 바람, 그들 옆을 스쳐 지나가던 또 다른 무수한 사람과 함께 있었다. 둘이서 강에 돌멩이를 던지며 놀았고 그것을 사진으로 찍어두었다. 두 사람은 강가에서 계속 다른 사물을 만났다. 그러나 이것을 풍경이라고 하지는 않는다. 이것은 두 사람의 고유한 감정이 많은 물체에 섞여 있는 현상을 그린 것이다. 풍경이란 땅의 고유한 환경이 사람의 일상에 대해 쌍방향으로 갖는 관계성이며, 사람들이 살고 있는 장으로서 하나의 전체를 이루는 개념이다.

풍경은 언제, 어디서 생길까? 풍경에는 보이는 것과 보이지 않는 것이 얽혀 있다고 했다. 여기에 다시 개인적인 것과 집단적인 것이 겹친다. 일상적인 지각의 특징은 무엇을 굳이 보려고 주목되지 않는 것, 다시 말해서 그것을 보려고 하는 시선에 드러나지 않는 것이다. 목적이 있어서 사용하는 도구가 아닌 하늘과 구름, 산과 바다, 강 같은 것은 특별히 주시하지 않고 지나쳐버리는 경우가 대부분이다.

폴 세잔Paul Cézanne은 엑상프로방스Aix-en-Provence의 농부들이 생빅투아르산Mont Sainte-Victoire을 보고 있지 않다고 했다. 정말 이 지방의 농부는 이 산을 보지 못했고, 세잔만 보았다는 것일까? 그렇지 않다. 같은 생빅투아르산인데 세잔이 지각한 풍경과 농부들이 지각한 풍경은 다르다. 세잔은 화가로서 그 산을 주시하며 지각했고, 농부는 일상적 경험으로 주시하지 않고 지각했다. 그 땅에 뿌리를 내리고 사는 사람에게 매일매일 대하는 사물은 익숙해지면 익숙해질수록 주목하지 않는 시선이 된다. 생빅투아르산은 보이는 사물이며, 매일 그곳에 살면서 주목하지는 않지만 숨어 있는 보이지 않는 일상적인 지각이다.

같은 마을이라도 그곳을 잠시 여행하는 사람의 시선과 그곳에 살고 있는 사람의 시선은 다르다. 여행하는 사람은 주시하는 시선으로 풍경을 대하지만, 그 마을에 살고 있는 사람은 주시하지 않는 시선으로 풍경을 대한다. 비행기를 타고 내려다보는 지형과 땅에 서서 바라보는 지형은 다르다. 내려다보는 시선은 땅위의 사물을 마치 인물 사진을 정면에서 보는 듯이 객관적으로 보지만, 땅에서 바라보는 시선은 땅 위의 사물을 왜곡되고 주관적으로 보게 된다.

또 바깥 자연을 땅에서 바라보는 것과 창을 통해서 바라보는 것은 다르다. 바깥 자연을 땅에서 바라보는 생활과 창을 통해 바라보는 생활이 다르면 풍경이 다르다. 같은 자연이지만 그것이 나의 삶과 관계를 맺고 교환될 때 풍경이 된다. 풍경은 자연만도 아니고 인간의 영위만도 아닌, 이 두 가지가 언제나 동적으로 간섭할 때 이루어진다. 여기에서 말한 창을 건축으로 바꾸면, 같은 사물이라도 건축을 통해 일어나는 일상적인 지각에 따라 다른 풍경이 된다는 뜻이다.

원풍경

같은 정원을 만드는 데 일본 사람이 만든 정원과 조선 사람이 만든 정원에는 아주 큰 차이가 있다. 일본의 대표적인 정원인 료안지도 일본인의 정신세계를 가장 잘 나타내는 묵상의 정원이다. 나지막한 담장을 두고 그 뒤로는 나무들이 에워싸도록 했으며, 작은 공간 안에 요소를 최소한으로 줄였고 무한의 공간에 압축한 정원을 만들었다. 그러나 한국 사람들은 료안지 같은 정원을 만들지 않으므로 일본 사람들과 똑같은 사고로 이 정원을 감상하지 못한다. 인식의 풍경이 다르기 때문이다.

'마을의 공간'이라고 하면 마을을 이루는 3차원적인 크기와 볼륨을 말한다. 그러면 이것을 '마을의 환경'이라고 하면 어떻게 될까? 환경이란 인간의 행위가 자연에 개입했을 때 인간과 자연의 관계를 말한다.

그러나 '마을의 풍경'이라고 하면 구조물이 그 안에 사는 사람에게 어떤 심상心象으로 나타나는가를 말한다. 공간적으로는 같은 마을인데도 그 마을에 사는 사람과 그 마을을 지나 다른 곳으로 향하는 사람에게는 풍경도 다르고 의미도 다르다. '마을의 공간'이나 '마을의 환경'은 그곳에 살고 있는 사람들과 사물에 대하여 갖는 공동의 심상을 다루지 못한다.

풍경이라고 할 때 그 뒤에는 언제나 어떤 것이 공유되어 있다. 인간이 사회적 존재인 이상, 개인적 지각은 문화의 영향을 받지 않을 수 없다. 풍경은 공동의 환상, 집단적 무의식을 나타낸다. 이것을 원풍경原風景이라고 한다. 원풍경은 역사와 문화를 넘어 마음의 심층에서 공유되는 풍경의 원형이다. 풍경이 개인에게 머물면 말을 하지 않고 숨겨두지만, 이것이 집합하면 이야기를 만들고 감각이 언어와 일체가 된다. 개인적인 지각은 장소의 기억을 언어로 교환하고 전달하며 모방하여 공유된다.

　　서양건축사를 보면 역사적으로 세 가지 원풍경이 있었다.[68] 18세기의 픽처레스크라는 풍경식 정원 개념이 있다. 영국을 중심으로 전개된 픽처레스크는 어떤 화가가 그린 풍경화에 감동을 받아 그림과 같은 것을 실제의 환경으로 만들어놓은 것이다. 이것은 화가적인 감성, 곧 주관성에 호소하는 변화가 풍부한 구성을 뜻했다.

　　이 풍경식 정원은 건축의 위치를 가장 크게 위협한 존재였다. 건축은 풍경식 정원 속에서 단순히 부속물로 취급되고, 전체와의 관계를 잃은 채 자연 속에서 단편화되기 시작했다. 픽처레스크 정원에서는 주변, 공간, 자연 이 모든 것이 무한대지만, 그 안에 있는 인간은 너무나도 덧없고 초라하며 미세하다. 자연은 무한히 크고 인간은 무한히 작다. 18세기는 무한히 넓어지는 공간을 체험하면서 이러한 풍경의 감각을 얻을 수 있었다.

　　프랑스 화가 니콜라 푸생Nicolas Poussin의 1639년경의 유명한 작품 〈아르카디아의 목동들Les Bergers d'Arcadie dit aussi〉에는 라틴어로 새겨진 비문 "Et in Arcadia Ego나는 아르카디아에도 있었다."라는 말을 이해해보려는 목동 세 사람이 그려져 있다. 그가 그린 풍경은 사실을 묘사한 것이 아니다. 더욱이 어딘가에서 본 적이 있던 장면도 아니다. 오직 이상으로 삼은 바를 상상하여 그린 것이다. 이 경우 이탈리아의 전원 속에 그려진 베르길리우스의 목가적이며 이상적인 전원 풍경이 고대의 이미지와 함께 등장한다.

　　푸생이 선택한 이상적인 풍경은 근대건축가 르 코르뷔지에가 지녔던 풍경의 관념과 같다. 메예르 주택Villa Meyer의 스케치에는 창밖에 펼쳐진 자연 속의 폐허와 함께 수평의 긴 창과 그 옆에 과일과 병 등이 그려져 있다. 코르뷔지에에게 창밖 아르카디아의 풍경과 안쪽의 이상적인 근대 생활은 서로 등가였다.

이렇게 이상 풍경을 만들고자 한 이유는 근대적인 생활상과 그에 대응하는 건축적인 해결, 나아가서 새로운 건축적 시스템을 발견하기 위해서였다. 그러기 위해서는 푸생적인 아르카디아의 풍경이 선택되어야 했다. 그의 생각은 이상적인 근대도시의 풍경으로 확대된다. '300만 명을 위한 현대도시' 스케치는 기하학적 입체가 픽처레스크한 녹지 속에서 공존하는 근대도시의 풍경으로 아르카디아를 표현했다.

1970년대 즈음하여 컴퓨터가 발전하면서 방대한 정보가 쉽게 처리된다는 사실은 큰 충격이었다. 수학이나 논리학은 무질서한 혼돈을 다루기 시작했고, 과학에서도 정확하게 제어할 수 없으며 결정할 수 없는 것에 대한 관심이 높아졌다. 카오스chaos니 프랙털이니 하는 것이 그것이다. 이것은 무질서하지만 그 안에 질서가 잠재해 있음을 규정하고자 한 것이었는데, 이는 질서와 혼돈을 죄악시하던 근대와는 다른 모습이었다. 그리고 현실을 이상적인 것으로 만들려 하지 않고, 혼돈의 현실 세계를 있는 그대로 받아들이려는 움직임이 나타났다.

우리 도시는 복잡하고 혼돈되어 있다. 그러나 동적이다. 시각적으로는 자연스럽지 못하고 아름답지 못하지만 촉각적으로는 흥미 있는 곳이 참 많다. 그러니 건축을 성립시키는 배경이 되는 도시와 관련하여 건축을 생각하는 것은 아주 중요한 일이다. 현대도시의 추함은 수많은 토목 구조물, 인프라, 여기저기에 흩뿌려진 기호들에서 비롯되는 것이지만, 건물을 포함한 전체가 바로 풍경이다. 자연은 이미 우리 주변에 그리 넉넉하게 등장하지 않는다. 따라서 오로지 자연으로 돌아가기 위한 방식만으로 풍경을 논의할 수는 없다.

오늘날의 풍경은 주변을 의식하고 스스로를 낮추면서까지

주변에 있는 친구들과 잘 어울리는 사람과도 같다. 이런 풍경에 대응하는 건축을 사람에 비유하자면 그것은 무언가를 금방 결정하거나 자신을 드러내고자 하지 않으며, 결정하기 전에 조금이나마 만들고자 하는 물체에 거리를 두고 그 속에서 문제의 원인을 발견해나가고자 하는 사람이다. 그래서 지형적인 건축을 만들기도 하고, 입면의 유리를 통해 주변 풍경을 반사함으로써 건물의 실체가 사라진 것처럼 보이게도 한다. 소박하지만 스스로의 형체와 존재를 '사라지게' 하는 건축이다. 이러한 풍경 개념에 근거하는 건축을 만들고자 하는 태도가 지금 진행 중이다.

풍경과 경관

풍경처럼 시계視界에 들어오는 경치라는 뜻을 가진 말로는 '경관景觀'이 있다. 풍경이라는 말은 이미 오래전부터 쓰이고 있었지만, 경관은 근대에 들어와서 '랜드스케이프'를 번역한 또 다른 말로 쓰인다. 근대에 계획의 대상으로 도시를 보는 눈을 가지게 되면서 '타운스케이프townscape' '시티스케이프cityscape' 등 '-스케이프scape'라는 말을 붙인 새로운 용어가 등장했는데, 이것은 도시의 경관을 다룬 말들이다. 최근에는 '도시경관'이라는 용어가 많이 사용되고 있다. 도시는 풍경의 '랜드스케이프' 범주에 들어가지 않기 때문에, 경관을 '랜드스케이프'로 번역해서 이해한다면 이 용어는 성립되지 않는다.

　풍경과 경관에는 커다란 차이가 있다. '풍경'은 바라보는 것이지만 '경관'은 바라보는 것이 아니다. 풍경은 지금 대상을 바라보는 이곳에 있는 사람의 인식과 관련된 것이며 개인적이고 일상적인 장면에 사용되지만, 경관은 그러한 사람의 인식에 좌우되는 것이 아니다. 경관은 눈앞에서 펼쳐지는 시각적 경험만을 대상으로 삼으며 지각되는 대상을 계량하고 해석한다. 따라서 경관은 공적인 합의를 이루기 위한 방식으로 활용된다. 풍경은 될 수 있으면 무언가를 조작할 필요 없이 사용하는 사람이 쓰는 용어이지만, 경관은 무언가를 인위적으로 만들려는 사람의 논리다.

'경관법'은 있지만 '풍경법'은 없다는 사실만 보아도 풍경과 경관의 차이를 구별할 수 있을 것이다. 경관법에서 말하는 '경관'은 "자연, 인공 요소 및 주민의 생활상 등으로 이루어진 일단의 지역환경적 특징을 나타내는 것"이다. 또 원풍경은 아주 중요한 말이지만 원경관原景觀이라는 말은 성립하지 않는다.

그런데 '경관 설계'라는 용어도 자주 등장하여 학술 용어처럼 쓰이고 있다. 설계는 목적과 대상이 있을 때 가능하다. 따라서 경관 설계라면 경관이 설계의 대상이 된다는 뜻이다. 그러나 경관이 어떻게 설계의 대상이 된다는 것인가? 풍경이든 경관이든 그것을 이루는 구름이나 빛이나 산이나 바다가 어떻게 디자인의 대상이 되는가? 설계되는 대상은 마을이고 전원이며 건축이지, 산과 강과 빛이 설계의 대상이 될 수는 없다. 더구나 경관은 안의 알맹이가 아니라 밖에서 보는 형태에 관한 것이다. 겉모양을 형태와 형식으로 정하는 것이 설계라면, 알맹이는 생활과 내용이 될 터인데, 경관 설계는 생활과 내용은 전혀 관계하지 않은 채 경관을 밖의 모양으로 다룰 수 있다는 것일까? 따라서 경관 설계에서는 답이 나올 수 없다.

건축설계이고 도시 설계인데, 이것에 다시 불필요한 영역인 경관이 대신하여 건축설계와 도시 설계를 규정하는 전문 영역의 자리를 차지하고 있다. 그럼에도 경관 설계가 설계의 한 영역이라면 경관 설계의 방법론은 무엇인가? 경관 설계라는 이름으로 제시된 안을 다 모아놓고 평가를 한다고 해보자. 결론은 경관 설계의 방법은 없으며 있을 수도 없다는 것이다. 도시경관을 말할 때 흔히 오래된 좋은 경관이 파괴되어 사라지고 있다는 말은 많이 하지만 적극적으로 어떤 경관이 있어야 하는가에 대해서는 그다지 말이 없다. 왜냐하면 설계란 구체적인 대상물이 있어야 하는데, 경관 설계는 그러한 구체적인 대상이 없기 때문이다.

결국 경관을 둘러싼 논의는 건물과 구축에 관한 것이며 경관론이란 결코 새로운 영역이 아니라 이미 오래전부터 건축과 도시계획, 설계에 있던 것이다. 따라서 이러한 경관론, 경관 설계가 '풍경'이라는 영역, 가치, 인식까지 오염시키지 않도록 '풍경'에 대한 깊은 탐구가 건축과 도시에 있어야 한다.

풍경과 디테일 사이

땅속에 주거를 묻은 중국의 야오동을 찍은 한 장의 사진이 『건축가 없는 건축』에 실려 있다. 이 주택에서는 자연과 건축이 일대일의 관계에 있다. 1960년대 중반 이후에 나타나 자연과 예술을 일대일로 바꾸어보려는 움직임이 '대지예술Land Art, Earthworks'이었다. 이것은 콘크리트, 돌, 금속, 플라스틱과 같은 인공적인 소재로 만든 작품과 그것이 놓인 장소가 명확하지 않게 만들어졌다.

로버트 스미스슨Robert Smithson은 호수 안에 나선형의 흙더미를 만들었고, 리처드 세라Richard Serra는 기복이 풍부한 언덕을 인공의 벽으로 부드럽게 분절했다. 캔버스라는 허구의 틀, 미술관이라는 제도에 의존하지 않고 광대한 자연의 스케일 속에서 감상자가 오브젝트 사이를 이동하며 자연과 인간이 더욱 직접적으로 교류하여 인간성을 회복하려는 시도였다고 평가되었다. 이것이 건축에 풍경의 개념을 도입하게 해주었다.

환경예술의 선구자 크리스토 자바체프Christo javacheff와 잔 클로드Jeanne Claude의 1976년 작품 〈달리는 울타리Running Fence〉는 바람 부는 땅 위에 높이 5.5미터의 하얀 천을 39.4킬로미터나 친 작품이다. 이를 위해 사용한 천의 면적은 20만 제곱미터이며, 2,050개의 철 기둥, 후크 35만 개를 사용했다. 마흔두 달에 걸쳐서 설치한 이 환경예술은 보기에는 단순한 조형 같지만 만드는 데는 대단한 노력과 비용이 들어갔다. 이 작품이 들어섬으로써 자연이 더 선명하게 지각되었다. 이 조형이 있기 전에는 단순한 산 지형의 일부였으나, 하얀 천이 장대하게 설치됨으로써 평상시 별로 눈에 들어오지 않는 능선이 살아 있는 선으로 지각되었다. 이처럼 자연과 사람의 노력이 자연의 울림을 더욱 돋보이게 하고 사람은 그 울림에 호응했다.

그림에 그려진 풍경은 실제와 아무리 비슷한 이미지라 해도 실제 크기를 축소한 것이다. 이에 대지예술은 작품을 일대일로 구현해 환경의 척도에 이르고자 했다. 이렇게 되면 이미지는 현실의 풍경과 일치하고 풍경을 이미지로 바꿀 수 있게 된다. 예전에는 1/n의 표현 공간에 머물러 있었으나, 대지예술은 1/1의 현실 공간이 되었다. 작품이 1/1의 현실 공간이 되면 풍경을 표상하지 않고 작품이 풍경 자체가 된다.

건축물을 세우는 것은 이미 '대지예술'보다도 훨씬 이전에 땅을 상대로 한 인간의 활동이었다. 건축은 모형으로 만들 때는 실제 환경에서 1/n이 되지만, 지어지고 나면 그 자체가 환경이 된다. 건축은 풍경의 한 요소이지만 그 자체가 풍경이 되는 것이다. 건물은 도시에서는 하나의 입자이고 도시의 일부다. 그래서 건축은 그것이 놓일 환경에 크게 좌우된다. 이렇게 생각하면 건축은 더 큰 환경 안에 놓인 또 다른 디테일이다. 디테일이 바뀌면 건축이 바뀐다. 더 큰 환경 안에 놓인 또 다른 디테일인 건축이 바뀌면 풍경이 바뀐다. 건축은 디테일과 풍경 사이에 있다.

건축은 물리적인 환경 전체, 또는 문화적인 것까지 포함한 풍경을 위한 디테일이다. 파사드의 유리면을 전동으로 열고 닫아 바람이 통하게도 하고 실내 기후를 조절해야겠다고 구상하기도 한다. 그러나 이런 유리면은 이것으로 끝나지 않는다. 건물 외관에는 하늘과 구름이 반사되는데, 유리면을 열고 닫을 때 외관과 반사되는 모습은 달라진다. 건물의 디테일은 하늘과 구름 그리고 반사하는 주변 환경의 풍경 속에 존재한다. 따라서 디테일이란 풍경이 건축 안에 존재하도록, 그리고 건축이 풍경 안에 존재하도록 만드는 작은 부분이다.

설계는 전체 건물 구상에서 시작하여 전체 형태와 배치를 결정한 다음, 점차 세세한 부분의 형상을 결정해가는 것이 아니다. 디테일이 전체를 결정하게 해주며, 결정된 디테일이 건물의 전체 모습을 바꿀 수도 있다. 실제로 설계는 대체로 큰 것에서 작은 것으로 수렴해가는 과정을 밟는다. 그러나 건축설계는 풍경과 디테일을 오고 가는 과정에서 점차 완성도가 높아져간다. 건축과 디테일은 상호 과정이다. 그러나 이것 못지않게 건축과 풍경에도 상호 과정이 있다.

카를로 스카르파가 설계한 브리온 가족 묘지Brion Family Cemetery의 한 구역은 건물 옆에 연못이 하나 있고 그 안에 사각형의 돌이 하나 놓여 있다. 이 돌은 뚜렷한 윤곽을 지녔으며 그 옆에 있는 물과 연꽃의 일부다. 그러나 이 연못은 따로 있지 않고 그 옆에 있는 풀이 덮인 마당과 같이 있다. 사각형의 돌과 연꽃과 담장과 물은 모두 따로 떨어져 있지 않다. 지어지기는 따로 지어졌을지 모르지만 적어도 모두 함께하고 있다.

그럼에도 이 담장은 건물 벽면의 부속물이 아니다. 사각형 돌도 이 전체의 주인공이고 연못도 주인공이며 풀이 덮인 마당도 모두 주인공이다. 멀리 작게 보이는 교회 탑에 주목하면 어느덧 교회 탑도 풍경의 주인공이 되어 있다. 꽃도 돌도 벽면도 교회 탑도 저 멀리 있는 나무와 산과 함께 보면 제각기 주인공이면서 서로 다른 곳에 있고 재료와 형태가 서로 따로따로 건물과 함께 풍경에 속해 있다. 이처럼 풍경에서는 건축과 오브제와 공간에 대한 시선이 등가로 나타난다. 이미 있는 것도 하나의 중요한 소재이고 새로 지어진 것도 중요한 소재다.

건축을 풍경으로 생각하고 만드는 것은 설계하기 이전부터 주변에 있는 수많은 것을 자신의 건축'으로' 만드는 일이다. 먼저 지어져 있는 저 바깥에 있는 마을과 이곳에 새로 지어진 집이 언제 먼저 지어졌는지 구별되지 않는 상태가 곧 풍경의 건축이다. 따로 떨어져 있는데도 서로 다른 요소를 통합하여 하나의 조화를 이루는 풍경이 건축으로 만들어져 있는 것, 그리하여 하나 공기 안에 모두 모여 있다는 감각을 주는 것이 풍경이라고 생각하며 설계하는 건축이다. 도시 경관을 아무리 잘 만든다 해도 모든 사람이 같은 것, 비슷한 것을 만드는 것은 불가능하다. 각각 서로 다른 개성을 갖고 있고, 그것들이 늘어서 있는데도 조화를 이루는 방법을 찾아가는 것이 풍경의 문제다.

방 안에 가구가 있다. 그러나 이 가구는 혼자 있지 않고 방 안의 다른 것과 함께 있다. 또 이 방은 혼자 있는 것이 아니라 다른 방과 창 그리고 그 창을 통해 보이는 바깥과 함께 있다. 또 다시 이 바깥마당은 혼자 있지 않다. 이 마당은 더 넓은 곳에 있는 다른 건물이나 도로와 함께 있다. 이처럼 풍경의 건축은 놓여 있는 무언가의 '상황'을 계속 상대화하는 것이다. 그렇게 되면 집 안에 있는 가구 하나가 이제는 저 바깥의 도로와 함께 있게 된다.

이렇게 되면 이제까지 많이 해오던 가구의 배열 방식은 해체된다. 가구라는 작은 물체가 건물의 레벨로 직접 이어지고, 건축과 도시의 경계, 건축과 조경의 경계가 하나로 이음매 없이 이어지는 가능성이 생기는 것을 발견하게 된다. 이런 상태를 '풍경'이라고 하고, 이렇게 만들어가는 건축, 이렇게 만들어보겠다는 건축을 통틀어서 '랜드스케이프 건축landscape architecture'이라고 말한다. 다만 이 용어는 '조경'을 뜻하는 단어지만, 건축에서는 이를 번역하지 않고 '랜드스케이프 건축'이라고 말한다.

여기에서 세부란 재료가 아주 작은 스케일로 만나는 상세도의 세부만은 아닐 것이다. 건축은 광대한 도시 안에서 하나의 세부다. 그렇다면 미스 반 데어 로에의 격언으로 잘 알려진 "신은 디테일 안에 있다.God is in the detail."는 "도시는 건축에 있다."도 된다. 그리고 건축을 둘러싸는 지면, 바람의 움직임, 눈과 비 등을 함께 생각한 주변의 풍경이 건축물과 건축물의 디테일 속에 존재한다고도 말할 수 있다.

풍경의 건축

풍경의 인식

현재 우리가 살고 있는 도시의 풍경은 무언가 결핍되어 있고 상처가 나 있으며 빈곤하다. 또한 그것은 냉정하고 무관심하며 심지어는 황폐하기까지 하다. 그런데 종래의 건축 태도는 마치 카메라 옵스큐라camera obscura를 통해 보고 싶은 것에만 집중하고 나머지 외부는 삭제해버리려고 했다. 이렇게 결핍된 조건은 건축설계의 근거로 삼기는커녕 피하고 부정하고자 했다.

교통과 통신이 중요한 역할을 하게 되자 도시는 탈산업화 도시로 이행했고 도시의 경제적 기반인 산업 시설이 도시로부터 이탈하기 시작했다. 그러면서 그 비워진 공간에 도시의 새로운 가능성이 잠재해 있음을 인식하기 시작했다. 이런 빈곤하고 결핍된 조건이 도시나 전원, 교외나 농촌 어디에나 만연해 있음을 인정하고, 그 안에서 고유한 세계를 얻어야 한다고 생각하게 되었다. 사회 전반의 공통 인식이 사라지고 있는 상황에서 건축의 내적인 논리만을 계속 주장하는 한, 그 내부에 갇혀버릴 것이라고 반성하게 되었다. 그러기 위해 근대주의의 균질화에서 벗어나 '외부'로 열린 또 다른 세계로 눈을 돌리고, 주변의 사물과 어떻게 건물이 함께할 수 있는가를 물어야만 했다. 이와 같이 이 '외부'를 새로운 건축물이 서야 할 바탕으로 여겨 구체적으로 살펴보려는 것이 '풍경' 또는 '랜드스케이프'다.

풍경은 무수하게 나뉘어 있는 부분을 합해서 바라보려는 개념이다. 풍경의 관점에서 보면 내 몸 가까이의 작은 부분도, 멀리 있는 더 큰 부분도 풍경의 범위에 있다. 때문에 풍경은 지금 다루고 있는 것보다는 조금 더 큰 스케일과 관계하여 설명하는 수가 많다. 또한 건축에서 풍경은 여기에서 저기까지가 방이고 집이라고 규정해서는 안 된다는 인식에서 시작한다. 반대로 이 가구는 이보다는 조금 더 큰 방과 함께하는 것이고, 여기의 방이 저기 밖의 나무와 함께해야 하며, 이 건물은 저기 멀리 있는 산과도 함께해야 한다고 생각해야 한다. 풍경은 아주 작은 사물이 그보다 훨씬 큰 것과 관계하는 사물들의 총체다.

우리는 눈앞에서 많은 것을 하나의 대상으로 주목한다. 그러나 풍경은 대상을 주목하지 않고 하나하나의 대상을 느슨하게 뒤로 물러서서 바라볼 때 인식된다. 이미 알고 있는 것을 알지 못하는 것으로 여겨야, 또 완성되더라도 완성되지 않은 것이 여전히 남는다고 여겨야 풍경을 파악할 수 있다. 풍경은 통제하거나 조절하기 어려운 무언가의 일부가 되기까지 뒤로 물러서는 것이다. 그러면 생각하지 못한 주변의 다른 것과 함께 있음을 알게 된다. 이렇게 물러서서 이 건물이 무엇과 이웃하고 있고 또 무엇으로 동시에 이용되면서 어떤 사회적 관계에 놓여 있는가를 물음으로써 지금 설계하고 있는 건물이 어떤 입장을 취해야 하는지 분명히 알수 있다. 이는 마치 한 그루의 나무를 심는 것에 머물지 않고 그것이 주변의 나무와 함께 이루는 생태를 생각하는 것과 같다.

풍경의 건축은 벽과 창, 나무와 도로 같은 물질적인 측면에만 접근하는 것이 아니다. 건축에는 사물만이 아니라 그 안에서 함께 일어나는 무수한 우연적인 사건이 있다. 건축은 물질 덩어리를 말하는 것이 아니다. 건축은 그것을 넘어 일어나는 것이다. 건물과 공간과 가구가 주인이 아니라 행위와 사건 자체와 함께하는 풍경의 일부라고 생각한다.

풍경은 주목하는 사물과 사건에 아주 가까이 있다. 부엌을 단순히 일하는 공간으로 보지 않고 그 안에서 일어나는 일과 함께 생각하면 부엌의 풍경이 발견된다. 그리고 그 부엌의 풍경은 생활의 주역이 될 수 있다. 도서관을 책 보고 공부하는 건물로 보지 않고 그 안에 배열된 책 사이에서 지식을 찾아다니는 사람의 행위와 함께 생각하면 도서관은 물리적인 윤곽에서 벗어나 책의 풍경으로 나타날 수 있다.

현대건축은 이러한 풍경을 실현하기 위하여 이를 물질, 프로그램, 정보, 시간 등으로 해석하는 방식을 찾고 있다. 이를테면 스탠 알렌은 '풍경/건축/도시'를 여섯 가지로 설명한다.[69] 그중 네

가지는 다음과 같다.

첫째, 풍경은 표면surface이 가장 우선적인 요인이다. 전통적으로 풍경의 땅은 수평이지만 오늘에 와서는 접히고 휘고 굽히며 홈이 파인 지형으로 확장된다. 그러나 풍경의 표면은 근대건축의 투명하고 얇은 표면이 아니라 재료와 그 위에서 수행되는 특성에 따라 차이가 생긴다. 풍경의 표면은 언제나 물질로 구분되며, 표면 위에서의 진행은 물질에서 직접 나온다. 경사, 경도, 토양의 화학적 성질 등은 표면이 지탱하게 될 생명체에 영향을 준다. 그리고 이것이 시간 속에서 스스로 전개된다.

둘째, 프로그램은 시간에 따라서 상호작용하며 전개된다. 이에는 운동, 연결, 교환을 위한 매트릭스, 복도, 패치patch, 구멍 난 데에 덧대는 조각와 같은 공간 어휘가 따른다. 확장된 수평면은 건축에서 평면과 같은 것이 된다. 이 수평면은 프로그램을 가장 잘 지탱해주기 위해서 전장戰場, battlefield이나 운동장sports field 등의 장場, field의 개념을 생각한다. 그리고 이 장은 시간이 지남에 따라 복잡하게 상호작용하는 이벤트의 장이 된다.

셋째, 풍경의 복도landscape corridor는 정보가 교환되는 경로가 된다. 패치와 복도는 커뮤니케이션, 상호작용, 적용을 할 수 있게 하는 결절점과 통로의 네트워크를 이룬다.

넷째, 풍경은 과정의 모델로서 건축과 도시에 중요하다. 풍경은 건축처럼 규제되거나 설계되지 않으며 시간에 따라 성장하고 변화한다. 시간이 풍경을 만들어내는 중요한 변수다.

그러나 이것을 단순화해 실존적 공간 요인인 중심과 장소, 방향과 통로, 구역과 영역으로 비교해보면, 알렌이 요약한 현대건축의 개념에서 프로그램은 장소, 풍경의 복도는 통로, 표면은 영역에 해당한다. 다만 실존적 공간의 장소, 통로, 행위라는 요인은 훨씬 동적이고 구체적이며 연속적으로 확장해 있다.

사회화된 풍경

건축에서 말하는 풍경은 집, 마을, 도시라는 구조물과 함께 나타나는 풍경이다. 이 건축의 풍경에는 자연의 풍경과 인위적으로 가공된 풍경이 겹쳐 나타난다. 풍경은 사람들의 의식 작용이고 사람들은 사회화社會化되어 있으므로 건축의 풍경은 사회화된 풍경이다. 따라서 그 안에는 사람들이 어떤 의식과 제도에서 살아가고 있는지 함께 나타나 있다.

집 안에는 텔레비전, 비디오, 세탁기, 냉장고 등 다량의 가전제품이 있다. 20세기 전반에 건축은 새로운 기술로 만들어진 자동차, 가전제품과 함께 새로운 주거를 제시해왔다. 건축은 생활 방식을 정해주는 미디어였다. 그러나 우리의 도시와 건축물에는 많은 물건이 넘쳐나며 전면에서 읽히는 대신 건축은 뒷전으로 물러나 있다. 이제는 좁은 공간에 모든 것을 다 담고 살 수 없어서 냉장고나 세탁기를 사기보다는 어디에서건 편의점이나 빨래방을 이용하기도 한다.

도시의 도처에서 나타나는 고가도로, 역, 하천, 다리 등의 인프라스트럭처infrastructure도 풍경의 요소가 되었다. 그런데도 평가는 이중적이다. 사람들은 도시를 구성하는 데 없어서는 안 되는 이런 구조물을 평소에 잘 이용하다가도 이용하지 않을 때는 이런 구조물을 보기 흉하다고 부정적으로 대하는 것이 사실이다. 고가도로는 아름다운 직선과 곡선을 위해 지은 것이 아니라, 도시의 경제활동을 위해 만들어진 필수 시스템이다. 이런 목적으로 건설된 도로를 다른 이유를 들어 쉽게 부정할 수는 없다.

건축을 풍경으로 바라보면 그 안에는 건축물만 있는 게 아니라 고가도로, 다리, 하천과 같은 토목 구조물이 개입되어 있고 그 이외의 구축물, 지형, 식물 등 모든 요소가 들어 있음을 알게 된다. 풍경의 건축에서는 넓은 의미로 이러한 전문 분야의 구별이 의미 없다. 실제로 하나의 구조물이 환경에 놓일 때도 건축, 토목, 도시계획, 조경, 농업 같은 카테고리가 모두 적용된다. 고가도로와 같은 교통 시설에는 법으로 다른 시설이 들어올 수 없게 되어 있지만, 풍경의 건축으로 도시를 바라보면 고가도로와 상업 시설이 얼마든지 결합될 수 있어야 한다. 이렇게 될 때 건축은 독립된 예술적 건물을 짓는 한정된 전문 분야가 아니라 도시, 토목, 조경, 생태학 등을 포괄하는 인공 환경을 재구축하는 분야가 될 수 있다.

풍경이 사람들의 공유 감각이라면 도시의 어떤 풍경에도 그 장소의 사회성이 있다. 사람마다 취향과 지향이 달라서 입는 옷, 먹는 식사, 살고 있는 주택, 접하는 미디어는 취사 선택된다. 따라서 이것들의 차이는 동등하다. 건물도 마찬가지다. 사회 규범은 기능으로 파악되지 않는다. 사회 규범이란 한 개인이 다른 사람이나 주변 환경과 관계를 맺어가며 이들과 친밀한 관계를 맺는 방식이다. 사회 규범은 상황에 적합한 행동을 하는 능력이며, 관계를 유지시키는 능력이기도 하다.

내 주택 안에 있는 물건들, 동네와 지역에 있는 커뮤니티나 거대한 인프라까지 도시에서는 그 가치가 모두 똑같다. 사물과 자연의 관계를 그곳에 살고 있는 사람의 지각과 인식의 문제로 바라볼 때, 하나는 크고 못생겼으며 다른 것은 작고 아름답다고 보지 않아야 한다. 고속도로, 철도, 토목 구조물, 공공시설, 아파트, 공원 등은 사회 규범을 정착시키기 위한 실체이지 이용만 하는 수단이 아니다. 이들은 성립하게 된 사회적 조건이 다를 뿐, 모두 동등한 풍경의 대상이다.

이런 구조물, 시설, 설치물 들은 서로 다른 사회적 규범과 체계가 만들어낸 것이며, 이것이 집적된 것이 오늘 우리의 도시 풍경이다. 우리나라의 도시 풍경은 아름답고 추함을 떠나서 대지의 조건, 기술의 조건, 관리의 조건이 우리의 사회 규범을 따른 것이다. 건축물을 사회 규범으로 파악하면, 미술관과 도서관이 제일 중요하고, 그다음에는 아파트가 중요하며, 그다음은 상업 건물이 중요하다는 식으로 건물 유형을 나열하지 않는다. 고상한 미술관이나 아주 작은 가게도 사회 규범이라는 측면에서 모두 동등하다고 인식해야 한다.

또한 파리에서는 건물이 축선, 도로, 높이라는 통제된 규칙으로 설명된다. 그러나 우리 도시에서는 건물을 짓고 있는 사이 인접 대지에 새 건물이 들어서기도 하고 없어지기도 하여 지속적인 도시의 문맥을 기대하기 어렵다. 이들 두고 잡다하고 복잡하다고 말한다. 그렇지만 우리가 살고 있는 방을 한번 살펴보라. 모든 물건이 축선, 형태, 높이라는 규범과 체계를 따르고 있는가? 물건은 제멋대로 늘어놓았으며 책은 여기저기에 널려 있다.

그러나 잡다하기만 한 것처럼 보이는 우리 방의 물건도 그 속을 자세히 들여다보면 제각기 이웃하는 것끼리 나름의 사소한 관계가 있다. 전체로는 복잡하다고 할지 모르지만, 부분으로 보면 그것끼리의 의존 관계가 있다. 이것은 우리가 사는 도시와 똑같다. 건물들은 통제된 규칙을 따르지 않고, 단독 주거 옆에는 아파트가 있으며 오피스 빌딩 옆에는 작은 가게가 붙어 있다. 인접한 것들의 의존 관계만 있다. 전체는 잡다하나 부분은 나름의 인접 관계를 가지고 있다면, 그것은 오늘의 도시에 살고 있는 우리들의 의식과 제도가 사회화된 풍경이라고 할 수 있을 것이다.

라 빌레트 공원 계획

'랜드스케이프'라고 하면, 영어로 조경이 '랜드스케이프 아키텍쳐 landscape architecture'이기에 '조경'이라는 단어가 먼저 떠오른다. 그런데 '랜드스케이프'라는 개념은 1982년 라 빌레트 공원Parc de la Vill-ette• 현상 설계를 기점으로 본래의 의미를 넘어 건축, 도시, 대지 예술이라는 분야를 잇는 횡단 개념이 되었다. '랜드스케이프'라는 개념은 자연이나 외부 공간 같은 외부만을 나타내는 것이 아니다. 그것은 대지의 문맥, 풍토, 지역의 역사성, 주변 도시의 여러 상황, 계획을 변화시키는 시간이라는 개념까지도 포함한다. '랜드스케이프'는 건축이 도시와 자연에 더욱 근접하고자 넓은 의미의 '외부'와 관계를 맺는 개념이다. 특히 OMA가 제출한 1984년 '라 빌레트 공원 계획안'은 1990년대 이후의 건축에 큰 영향을 끼친 매우 중요한 계획안이 되었다.

네덜란드 건축가 렘 콜하스Rem Koolhaas의 라 빌레트 공원 계

획은 1978년에 출판한 『정신착란증의 뉴욕Delirious New York』의 맨
해튼에 우뚝 솟은 마천루에 대한 탐구를 수평면으로 만든 것이
다. 콜하스는 뉴욕의 맨해튼 마천루의 무수한 바닥이 아무런 매
개도 없이 바닥 슬래브로 분단된 채 수직으로 적층되어 있으면서
또 서로 아무런 관계도 없이 행위를 담고 있는 이상한 광경을 지
적한 바 있다.

계획안에는 무수한 띠 모양의 공간이 한없이 병치되어 있는
데, 이는 뉴욕 마천루의 무수한 프로그램이 바닥 슬래브에 닫혀
있으면서 층이 달라질 때마다 프로그램이 바뀌어가는 것을 그대
로 평면의 랜드스케이프로 전개한 것이다. 그 결과 띠 모양의 공
간을 세로로 가로질러 가면 다양한 식재와 행위가 정의된 정원의
풍경이 복잡하게 변화한다.

콜하스는 밭농사, 낚시, 승마, 연 날리기처럼 자연을 대상으
로 하는 체험을 철저하게 고안했다. 또 체험할 수 있는 공간을 띠
모양으로 연속시켜 대지 가득 띠를 나란히 늘어놓았다. 트랙터
로 밭을 갈고 있는데 그 옆에서는 수영장에서 수영을 즐기는 풍경
이 나타난다. 그리고 다시 그 옆에서는 언덕 위에서 연 날리기를
하는 등 서로 다른 종류의 체험이 인접하는 상황이 생기게 계획
한 것이다. 이것은 『정신착란증의 뉴욕』에서 사무실, 오이스터 바
oyster bar, 복싱 체육관 등의 이종 공간을 수직 방향으로 적층 뉴욕
맨해튼의 초고층 빌딩군에서 관찰한 바를 평면에 투영한 것이다.

또한 건축가 베르나르 추미Bernard Tschumi의 당선안은 우연
한 사건과 만나는 도시의 현실을 점폴리follie라고 부르는 10미터 입체로, 그
안에 가변적인 건물, 선공원길, 가로수, 면광장, 마당, 잔디, 연못이 겹쳐서 생기는
다양한 조합이라는 형태로 표현했다. 이렇게 하여 재즈 바의 폴리
와 공원길이 2층에서 교차함으로써 재즈를 연주하고 있는데 조깅
하고 있는 사람이 눈앞에서 지나가는 우연한 사건이 일어날 것을
기대했다. 이 두 계획은 모두 완성된 모습을 제시한 것이 아니라,
어떠한 관계성이나 상황을 어떻게 형태로 바꾸어가는가 하는 불
확실성의 감각에 기반을 둔 것이었다.

지형 건축

요코하마 국제여객선 터미널Yokohama International Passenger Terminal•은
알레한드로 자에라폴로Alejandro Zaera-Polo와 파시드 무사비Farshid
Moussavi가 1995년에 설계한 것이다. 이 건축은 바다 위에 세워진
건축물이 지형이 된 '지형 건축地形建築, topological architecture'이다.

터미널이라고 하면 여객선을 이용하는 사람과 그렇지 않은 사람
이 건축 속의 어떤 경계선에서 분명하게 갈리는데, 이 건물은 여
러 목적을 가진 사람들이 겹치지 않게 하면서 건축물을 바다 한
가운데로 밀어 넣었다. 터미널 자체가 여객선과 같다. 배의 터미널
이 여객기의 터미널처럼 육지와 물, 육지와 하늘의 교통이 유연하
게 변환되는 시설이기 때문이었다. 그 결과 도시의 지형이 바다를
향해 확장되었다.

　　이 건물의 평면도를 보면 기둥과 벽이 거의 없다. 등고선과
차의 동선을 나타내는 점선이 표시되어 있을 뿐이며, 평면도는 지
도 위에 지형이 그려져 있는 듯이 보인다. 대지 역할을 하는 층도
지형적이고, 외관이나 내부 공간도 지형적이다. 이 건물은 외형이
없는 건축이다. 이 건물은 바다의 경계에 위치하고 있는데도 그
경계만이 아니라 건축물 자체의 분절되는 선을 지우려고 했다.

　　이 건축물은 그 자체가 건축인 것처럼 존재하지 않는다. 지
표와 해수면이라는 두 개의 자연적인 조건 사이에 끼어들어 건축
물 자체의 모습을 지움으로써 풍경으로 인식되는 지형의 건축이
되었다. 지표면에서 해수면으로 이어지는 듯이 보이고, 건축과 바
다, 도시와 건축, 건축과 여객선과 같은 경계가 사라져 있다. 이 지
형의 건축에서는 건축과 토목 그리고 풍경이라는 종래의 개념이
확장되어 있다. 다만 지형 건축은 환경과 일체화하는 건축을 만들
기 위해 경사면에 관심을 갖는다. 그러나 풍경은 경사면을 요구하
지만, 건물의 내부는 일반적으로 평탄한 면을 요구하므로 신체가
접하는 바닥을 어떻게 디자인하는가가 가장 큰 과제가 된다.

로잘린드 크라우스의 풍경-건축

미국 미술평론가 로잘린드 크라우스Rosalind Krauss는 「확장된 장의 조각Sculpture in the Expanded Field」[70]에서 1970년대 초 미국 미술에 풍경이나 건축에 개입하는 작품들이 나타났다고 봤다. 이에 따라 조각이라는 카테고리가 확장되었다. 그런데 1970년대에 들어서서는 '장소특정적site specific'이라든지 '대지작품earth work'이라고 불리는 작품이 모더니즘의 논리를 벗어버리고 새롭게 나타났다.

그가 도해한 그림을 보면 두 개의 정사각형이 있다. 그 하나의 사각형에는 클라인 4원군Klein four-group이라는 사각형의 다이어그램에 '건축architecture' '비-건축not-architecture' '풍경landscape' '비-풍경not-landscape'을 두고 이전과는 다른 작품을 위치시켰다. 이 안에 들어가는 것은 이제까지의 조각이 특정한 장소에 특정한 사건을 잇는 기념비라는 의미를 가지고 있었다. 복잡하게 보여서 그렇지 '비-풍경not-landscape'은 '건축architecture'과 같고, '비-건축not-architecture'은 '풍경landscape'과 같은 말이다. 또 45도 회전한 또 다른 사각형에는 '장소-구축site-construction' '표시된 장소marked sites' '공리적 구조axiomatic structures' '조각sculpture'이 있다.

그가 관심을 둔 것은 물론 건축이 아닌 조각이 '비-건축'과 '비-풍경', 곧 건축도 아닌 것, 풍경도 아닌 것과 관계하며 부가되어 조각의 영역이 확장되는 것이었다. 그녀는 '비-건축'이나 '비-풍경'이라는 용어를 사용해서 '이것도 아니고 저것도 아닌 것the neither/nor'에 부가된 것이라고 말한다.

'조각'이 '비-풍경'이라는 조건에서 '풍경'과 결합되면 조각은 '표시된 장소'가 될 수 있으며, 또 '조각'이 '비-건축'이라는 조건에서 '건축'과 결합하면 '공리적 구조'가 된다. 즉 그는 '조각'의 영역이 이 두 가지로 확장될 수 있다고 본 것이다. '표시된 위치'는 로버트 스미스슨의 〈나선형의 방파제Spiral Jetty〉나 리처드 세라Richard Serra가 땅에 흔적을 남기는 예에서의 '표시된 장소'가 되고, 로버트 어윈 Robert Irwin 등이 건축의 실제 공간에 개입하여 드로잉하거나 거울 등으로 건축적 경험과 함께한 것에서는 '공리적 구조'가 된다.

'풍경'은 지어진 것과 자연, 건물과 도시, 장소와 경계가 연속되는 것이지만, '조각'은 실제의 조각이라기보다는 고유한 형태가 없는 새로운 기념비성을 뜻한다.[71] 또한 크라우스는 이 다이어그램에서 '건축architecture'과 '풍경landscape'이 결합한 것을 '장소-구축site-construction'이라고 했다. 그리고 풍경이자 건축인 예로 미로와 일본 정원을 들었다. 미로는 건축이 풍경을 향한 것이고, 일본 정원은 풍경이 건축을 향한 것이라고 말했다. 이 다이어그램에 따르면 '건축'이 갈 수 있는 방향은 '비-건축'의 조건에서 '공리적 구조'나 '조각'이 되든지, '비-풍경'의 조건에서 '조각'이나 '표시된 장소'가 되거나, 아니면 '풍경'이라는 조건에서 '장소-구축'이 되든지, 아니면 '표시된 장소'가 되는 것이다. 곧 '건축'과 '풍경'의 결합은 장소-구축' 또는 '표시된 위치'가 되는 두 가지 입장이 있다.

크라우스는 '건축'을 말하는 것이 아니었으므로 건축과 풍경이 어떻게 '장소-구축'이 되거나 '표시된 장소'가 되는지에 대해서는 언급하지 않았다. 이 다이어그램은 건축의 저편에 있는 풍경과 풍경 저편에 있는 건축이, 또는 '비-건축'과 '비-풍경'이 관계되어 상대화해 설명되고 있다는 점에서 중요하다. 이 다이어그램은 건축이 풍경에 대한 무엇이고, 또 무엇이 아니며, 다시 무엇이 될 수 있는가를 생각하는 데 중요한 기준점이 된다.

건축이론가 앤서니 비들러Anthony Vidler도 크라우스의 이 논문 제목과 비슷한 「건축의 확장된 장Architecture's expanded field」[72]이라는 논문에서 건축과 풍경을 건축의 영역을 확장하는 한 방향으로 받아들이고 있다.

미국 건축가 스티븐 홀Steven Holl도 이 다이어그램으로 캔자스시티에 있는 넬슨 앳킨스 박물관Nelson-Atkins Museum of Art 계획을 설명했다.[73] 그는 이 계획을 통해 새로 증축된 부분을 기존의 조각 공원과 융합하고 건축물을 다섯 개의 유리 렌즈라고 이름 붙인 건물로 나누어 조각 공원으로 횡단하면서 전체 미술관 장소를 방문자의 경험 영역으로 변형하여 새로운 공간과 시각을 형성한다는 건축적 사고를 보여준 바 있다.

성서적 풍경

풍경은 삶과 죽음을 말하는 형이상학적인 것일 수 있다. 그 대표적 예가 스톡홀름 교외에 있는 에릭 군나르 아스프룬드Erik Gunnar Asplund와 시귀르드 레버런츠Sigurd Lewerentz가 설계한 '숲의 묘지The Wood-land Cemetery, Skogskyrkogården''다. 세계에서 가장 아름답고 숭고한 이 묘지는 인간이 언젠가 가야 할 땅의 숙연한 모습을 형상화하고 땅을 실존적 건축의 서사시 차원으로 올려놓았다.

이 공동묘지 입구에 들어서면 완만한 들판이 전개된다. 그곳에서 눈을 돌려 오른쪽을 바라보면 완만하게 올라간 언덕에 느릅나무 열두 그루가 둘러싸고 있는 '추념의 숲'이 나타난다. 이를 향해 올라가면 아무런 건축적 장치 없이 땅과 하늘이 그냥 만나는 곳인데도 자연 속의 미미한 인간에게 죽음을 침묵으로 말해준다. 그리고 다시 완만한 지면을 따라 내려가면, 좌우에 늘어선 숲의 벽 사이로 '일곱 우물의 길'이 보이고 또 저 멀리 하얀 교회가 나타난다. 한참 걸어들어가는 이 길의 좌우에는 죽은 자들의 묘비가 누워 있고, 땅 위로 높게 자란 나무는 부활을 열망하듯이 모두 하늘을 향해 곧고 푸르게 자라고 있다.

교회에 가까이 다가가면 페디먼트가 붙은 신전 모양의 엔트런스 포치entrance porch가 나타난다. 기둥과 지붕으로만 되어 있는 건물, 그러나 그 뒤로는 아무런 창도 없이 벽으로 밀봉된 또 다른 건물이 사람의 움직임을 가로막고 있다. 이 신전형의 포르티코portico는 뒤쪽 교회의 건물 오른쪽에 치우쳐 있다. 육중한 문을 밀고 들어가면서 왼쪽으로 방향을 바꾸는 순간, 이 밀봉된 공간은 크게 확산되어 나타난다. 벽은 온통 하얗고, 단 하나뿐인 남쪽 창으로 비치는 빛을 받아 흰 대리석의 발다키노baldacchino는 놀랍게도 환히 빛난다. 이 빛나는 발다키노 안에는 십자가와 반짝이는 촛대가 놓여 있다. 그리고 흰 벽면 아래 길게 누운 영구대靈柩臺는 이 공간의 초점이지만, 흰 내부의 볼륨에 비해 너무나도 왜소한 영구대 위의 죽은 자의 모습과 빛나는 발다키노의 희망이 교차되어 나타난다.

사람의 흐름은 이것으로 끝나지 않는다. 발다키노 반대쪽에는 아까 들어온 문 높이의 절반 정도인 작은 문이 나 있는데, 죽은 자를 묘지로 운구하기 위한 문이다. 공동묘지 입구에 들어와 '추념의 숲'을 지나 건물이 들려주던 삶과 죽음의 대서사시가 끝나는 종점이 바로 이 묘지다.

이 묘지에는 토착 종교의 존재 자체가 사라지지 않고 인간이 오래전부터 가진 사상과 그리스도교의 부활 신앙이 접목되어 있으며, 삶과 죽음 그리고 다시 삶이 풍경으로 표현되어 있다. 이것은 삶은 죽음으로, 죽음은 다시 삶으로 영원히 계속된다는 것에 대한 풍경의 에세이라고 할 수 있다. 이러한 상징과 현실에 뿌리를 둔 풍경을 아스프룬드는 '성서적biblical'[74]이라고 말했다. 곧 성서적 풍경이라는 뜻이다. 풍경은 삶과 죽음의 종교적 영성도 표현할 수 있다.

주석

1   이 논의는 若林幹夫, 都市のアレゴリー(10+1series), INAX出版,
     1999의 논거를 따랐나.

2   柄谷行人, 探究 II, 講談社, 1991, pp. 275-276(가라타니 고진, 권기돈 옮김,
     『탐구2』, 새물결, 1998).

3   스피로 코스토프 지음, 양윤재 옮김, 『역사로 본 도시의 모습』, 공간사, 2009,
     38-40쪽.

4   Tom Avermaete(ed.), *Architectural Positions: Architecture, Modernity and
     the Public Sphere*, Sun Publishers, 2009, p. 125에서 재인용.

5   レオン・バティスタ・アルベルティ, 相川浩(訳), 建築論, 中央公論美術出版, 1998,
     pp. 25-26/11, 第1書 第9章(Leon Battista Alberti, *De Re Aedificatoria*, 1452).

6   レオン・バティスタ・アルベルティ, 相川浩(訳), 建築論, 中央公論美術出版, 1998,
     p. 122, 第5書 第2章(Leon Battista Alberti, *De Re Aedificatoria*, 1452)

7   "A house must be like a small city if it's to be a real house, a city like a large
     house if it's to be a real city" 'Steps Toward a Configurative Discipline.'(1962)
     8권 3장에서도 이 인용문을 언급하고 있다.

8   Detlef Mertins, "Living in a Jungle : Mies, Organic Architecture and the Art of
     City", Mies in America, 2001, p. 633.

9   Fritz Neumeyer, "A World in itself: Architecture and Technology", in Detlef
     Mertins(ed.), *The Presence of Mies*, Princeton Architectural Press,
     2000, pp. 81-83.

10   프리츠 노이마이어 지음, 김영철·김무열 옮김, 『꾸밈없는 언어:
     미스 반 데어 로에의 건축』, 동녘, 2009, 375-380쪽.

11   발터 그로피우스, 르 코르뷔지에를 비롯한 근대건축의 개척자들이 모였고,
     기디온이 서기장을 맡았다. 제2회 회의의 주제는 '최소한 주택'이며, 제3회(1930),
     제4회(1933), 제5회(1937)에서 주로 주택과 도시계획의 주제를 논의했다.

12   제4회 회의 전체 기록은 *Atlas Of The Functional City CIAM 4 and
     Comparative Urban Analysis*, Thoth, 2014에 담겨 있다.

13   Le Corbusier, *Urbanisme des CIAM avec un discours liminaire de Jean
     Giraudoux*(르 코르뷔지에 지음, 이윤자 옮김, 『아테네 헌장』, 기문당, 1995).

14   Emil Kaufmann. *Three Revolutionary Architects: Boullée, Ledoux, and
     Lequeu*, American Philosophical Society, 1952, p. 447.

15   Colin Rowe, Fred Koetter, *Collage City*, The MIT Press, 1978.

16   근대주의 건축가의 건축을 '공원 속의 탑(towers in the park)'이라고도 한다.

17   Colin Rowe, Fred Koetter, *Collage City*, The MIT Press, 1978, p. 140.

18   Camillo Sitte, *City Planning According to Artistic Principles*(1889), trans.
      George R. Collins and Christiane Crasemann Collins, Random House, 1965.

19   Thomas Schumacher, *Contextualism: Urban Ideals and Deformations*,
      Casabella, 1971, 5-6, no. 369-360.

20   Stuart Cohen, *Physical Context/ Cultual Context: Including It All*,
      Oppositions 2, 1974.

21   Aldo Rossi, *The Architecture of the City*, The MIT Press, 1982, p. 23(알도 로시
      지음, 오경근 옮김,『도시의 건축』, 동녘, 2006).

22   Aldo Rossi, *The Architecture of the City*, The MIT Press, 1982, p. 165
      (알도 로시 지음, 오경근 옮김,『도시의 건축』, 동녘, 2006).

23   같은 책, 1982, p. 9.

24   Kevin Lynch, *The Image of the City*, The MIT Press, 1960.

25   貝島桃代, 黒田潤三, 塚本由晴, メイド・イン・トーキョー, 鹿島出版会, 2001.

26   Jane Jacobs, *The Death and Life of Great American Cities*, Random House,
      1961(제인 제이컵스, 유강은 옮김,『미국 대도시의 죽음과 삶』, 그린비, 2010).

27   Alessandra Latour(ed.), "Architecture: Silence and Light", *Louis I. Kahn:
      Writings, Lectures, Interviews*, Rizzoli International Publications, 1991, p. 249.

28   Alessandra Latour(ed.), "Address, 5 April, 1966", *Louis I. Kahn: Writings,
      Lectures, Interviews*, Rizzoli International Publications, 1991, p. 208.

29   Spiro Kostof, *A History of Architecture*, Oxford University Press,
      1995, p. 21 이하 인용문도 같은 쪽.

30   생태학, 위키백과.

31   David Ruy, "Returning to (Strange) Objects", *Tarp Architecture Manual*, Spring,
      2012. 이 항에서 말하는 자연과 생태학과 건축의 관계는 데이비드 루이의 이
      논문이 제시하는 방향에 따라 정리한 것이다. 책이 아닌 논문이므로 원문을
      구하여 자세히 일독해보기를 권한다.

32   Stan Allen, "Field Conditions", *Points and Lines: Diagrams and Projects for
      the City*, Princeton Architectural Press, 1999, p. 92.

33   吉村貞司, 沈黙の日本美, 毎日新聞社, 1974, pp. 148-149.

34   김광현, 「건축의 자연, 한국건축의 자연」, 『건축 이전의 건축, 공동성』,
      공간서가, 2014, 224-238쪽.

35   鈴木秀夫, 森林の思考・砂漠の思考, NHK出版, 1978.

36   Simon Unwin, *Analysing Architecture*, Routledge, 2003, pp. 111-114.

37   R. Furneaux Jordan, *Western Architecture*, p. 18.

38   Vincent Scully, "Architecture: The Natural and the Manmade", *Modern
      Architecture and Other Essays*, Princeton University Press, 2003, pp. 282-297.

39   Adolf Loos, Architekur, 1910. Kenneth Frampton, *Modern Architecture:
      A Critical History*, Thames & Hudson, 1992, p. 90에서 재인용.

40   Vitruvius, *The Ten Books on Architecture*, Book IV, chapter 1.

41   Claude Nicolas Ledoux, L'architecture considérée sous le rapport de l'art,
      des moeurs et de la législation: Écrits et propos sur l'art, 1804.

42   김광현, 『건축 이전의 건축, 공동성』 「'풍경'은 뒤로 물러서는 것」, 공간서가,
      2014, 154-165쪽.

43   D'Arcy Thompson, *On Growth and Form*, Cambridge University Press, 1945.

44   E. J. H. Corner, *The Life of Plants*, Weidenfeld and Nicolson, 1964.

45   Le Corbusier, *Œuvre complète Volume 2: 1929–1934*, by Willy Boesiger,
      Birkhäuser, 1995, p. 14.

46   Le Corbusier, *Precisions: On the Present State of Architecture and
      City Planning*, The MIT Press, 1991(1930), pp. 136-139.

47   이에 대해서는 Caroline Constant, "From the Virgilian dream to Chandigarh",
      Architectural Review, Jan 1987을 참조.

48   Luis Barragán, "The Presentation of The Pritzker Architecture Prize 1980",
      Luis Barragan, Toto, 1993, pp. 10-11.

49   이에 대하여는 서울대학교 건축의장연구실 석사논문 고정석, 「바라간
      주거작품의 건축정원에 관한 연구」, 1998을 참고.

50   Alessandra Latour(ed.), "Architecture: Silence and Light", *Louis I. Kahn: Writings,
      Lectures, Interviews*, Rizzoli International Publications, 1991, pp. 257-258.

51   Göran Schildt, *Alvar Aalto The Decisive Years*, Rizzoli, 1986, p. 148.

52   Richard Weston, *Alvar Aalto*, Phaidon Press, 1997, pp. 127-128.

53   Exposition Internationale des Arts et Techniques dans la Vie Moderne (1937년 파리 만국박람회) 핀란드관의 별칭.

54   Richard Weston, *Villa Mairea*, Phaidon Press, 2002.

55   Maurice Merleau-Ponty, *The Primacy of Perception*, Northwestern University Press, 1964, p. 167.

56   Fritz Neumeyer, "A World in Itself: Architecture and Technology", Detlef Mertins(ed.), *The Presence of Mies*, Princeton Architectural Press, 1994, pp. 78-79.

57   프리츠 노이마이어 지음, 김영철·김무열 옮김, 『꾸밈없는 언어: 미스 반 데어 로에의 건축』, 동녘, 2009, 513-514쪽.

58   Manfredo Tafuri and Francesco Dal Co, *Modern architecture*, H. N. Abrams, 1979, pp. 155-157.

59   Caroline Constant, *The Barcelona Pavilion as Landscape Garden: Modernity and the Picturesque*, AA FILES no. 20, Oct 1990, p. 50.

60   Fumihiko Maki, "The Art of Suki", *Carlo Scarpa, Architecture and Urbanism*, 1985 October Extra Edition, A+U Publishing, p. 206.

61   Rob Aben and Saskia de Wit, *The Enclosed Garden*, 010 Publishers, 1999, p. 38.

62   같은 책, p. 10.

63   같은 책, pp. 22-33.

64   Robert Mark, Light, *Wind, and Structure: The Mystery of the Master Builders*, The MIT Press, 1994, p. 30, pl. 2.3.

65   伊東豊雄, 風の変様体—建築クロニクル, 青土社, 1989, pp. 350-352.

66   Architekturgalerie Luzer, *Dominique Perrault: Des Natures: Beyond architecture*, Birkhäuser, 1996.

67   安彦一恵, 佐藤康邦(編), 木岡伸夫 "沈黙と語りのあいだ", 風景の哲学, ナカニシヤ出版, 2002, p. 43.

68   김광현, 『건축 이전의 건축, 공동성』 「'풍경'은 뒤로 물러서는 것」, 공간서가, 2014, 154-165쪽.

69   Stan Allen, "landscape/ architecture/ urbanism", *The Metapolis Dictionary of Advanced Architecture*, Actar, 2003.

70   Rosalind Krauss, Sculpture in the Expanded Field, October, Vol. 8,
     1979, pp. 30‑44.

71   Anthony Vidler, "Architecture's Expanded Field", in A. Krista Sykes(ed.),
     Constructing a New Agenda: Architectural Theory 1993–2009,
     Princeton Architectural Press, 2010, p. 326.

72   같은 책, pp. 320‑331.

73   Steven Holl, *Parallax*, Princeton Architectural Press, 2000, pp. 256‑257.

74   Caroline Constant, *The Woodland Cemetery: Toward a Spiritual Landscape*,
     Byggförlaget, Stockholm, 1994, p. 107.

라스 아르볼레다스의 물 마시는 정원 ©
Barragan: The Complete Work, Princeton
Architectural Press, 1996, p. 172

지암바티스타 놀리의 로마 지도 ©
http://www.lib.berkeley.edu/EART/maps/
nolli.html

루이스 칸의 "가로는 합의에 의한 방이다."
© Alexandra Tyng, Beginnings: Louis I.
Kahn's Philosophy of Architecture, Wiley-
Interscience, 1984, p. 82

안드레아 팔라디오가 설계한
테아트로 올림피코 © http://
www.ambrosiniviaggi.it/it/ville-venete-
visitabili-nella-regione-veneto/teatro-
olimpico-di-vicenza/

루이스 바라간의 하르디네스 델 페드레갈
주택 © https://www.area-arch.it/en/el-
pedregal-de-san-angel/

르 코르뷔지에의 '300만 명을 위한
현대도시'를 위한 투시도 © http://golanco
urses.net/2012spring/02/27/sam-lavery-
project-3-generate/

도미니크 페로의 프랑스 국립도서관 ©
http://www.perraultarchitecture.com/en/
projects/2465-national_library_of_
france.html

렌초 피아노의 장 마리 치바우 문화센터
© https://www.noumeadiscovery.com/
product/tjibaou-cultural-center/

파키스탄 하이데라바드 신드
© https://www.pinterest.co.kr/
pin/243053711109612698/

미스 반 데어 로에의 투겐트하트 주택의
거실 © User:Simonma/ Wikimedia
Commons

알바 알토의 마이레아 주택 © http://
archeyes.com/villa-mairea-alvar-aalto/

프랭크 로이드 라이트의 낙수장 ©
http://www.wright-house.com/frank-lloyd-
wright/fallingwater-pictures/7-living-room-
fireplace-hearth.php

이탈리아 로마에 있는 스페인 광장 ©
http://www.tropicalisland.de/italy/
rome/piazza_di_spagna/pages/FCO%20
Rome%20-%20Piazza%20di%20
Spagna%20and%20Spanish%20Steps%20
with%20Trinita%20dei%20Monti%20
church%2002%203008x2000.html

바르셀로나 대성당 © 김광현

시귀르드 레버런츠의 숲의 묘지 © 김광현

크리스토 자바체프와 잔 클로드의 '달리는
울타리' © http://christojeanneclaude.net/
mobile/projects?p=running-fence

카를로 스카르파의 퀘리니 스탐팔리아
재단 정원의 수반 © 김광현

요코하마 국제여객선 터미널 © 김광현

세비야에 있는 메트로폴 파라솔 © 김광현

이 책에 수록된 도판 자료는 독자의 이해를
돕기 위해 지은이가 직접 촬영하거나
수집한 것으로, 일부는 참고 자료나
서적에서 얻은 도판입니다. 모든 도판의
사용에 대해 제작자와 지적 재산권
소유자에게 허락을 얻어야 하나, 연락이
되지 않거나 저작권자가 불명확하여
확인받지 못한 도판도 있습니다. 해당
도판은 지속적으로 저작권자 확인을 위해
노력하여 추후 반영하겠습니다.